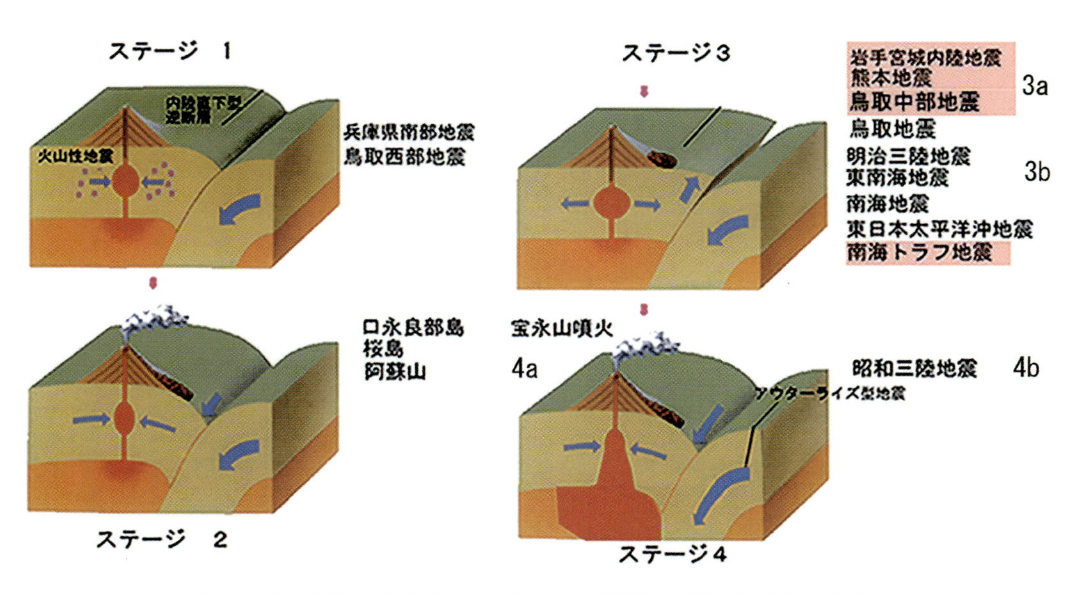

図１　内陸地震・火山噴火・プレート型地震モデル（高橋論文参照）

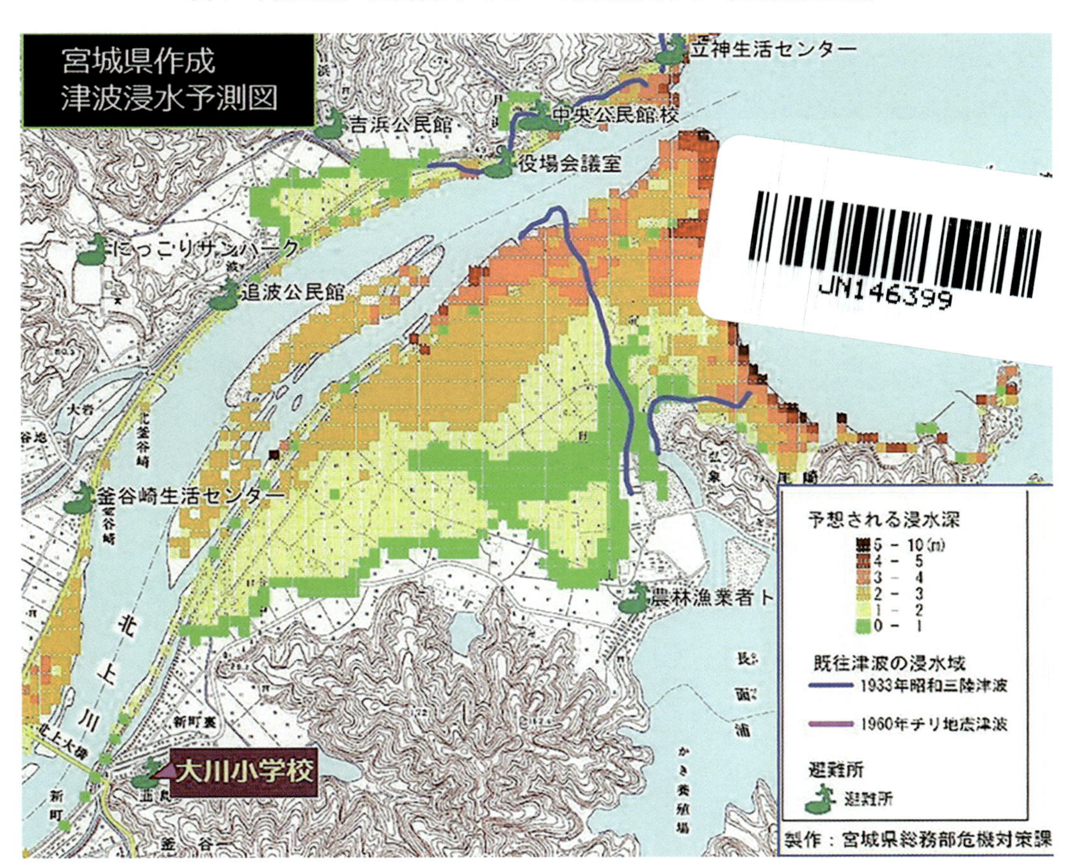

図２　大川小学校付近の津波ハザードマップ（宮城県、高橋論文参照）

写真１　放棄された定住集落（2008 年ボルガン県オルホン郡、冨田論文参照）

写真２　畜舎を併設した屋敷地（2014 年ボルガン県セレンゲ郡、冨田論文参照）

Ritsumeikan Pan-Pacific Civilization Studies
環太平洋文明研究

目　次　Contents

第2号　2018年3月

巻頭カラー図版
投稿規程

論　文

内陸直下型地震・火山噴火・プレート型地震発生モデル
－巨大地震・大地震・火山噴火発生前後－
高橋学 ―― 1

変わりゆくモンゴル遊牧民のくらし
－都市近郊における人口・家畜頭数の動向から読み解く－
冨田敬大 ―― 17

縄文時代の人口を推定する新たな方法
－東北地方北部を対象とした試み－
中村大 ―― 39

縄文人の資源利用と土地利用に関する生態学的研究（1）
神松幸弘 ―― 59

研究ノート

近代京都における市街地の拡大と近郊農村の景観変化
河角直美 ―― 79

西日本縄文社会の「弥生化」
矢野健一 ―― 87

渡辺公三先生　追悼 ―― 101

投稿規程

1. 執筆・投稿資格

紀要に投稿できる論文等の執筆者は、立命館大学の教員（有期限雇用の教員を含む）または本センター客員研究員、および大学院生（原則として指導教員の推薦を要する）。上記以外の学外者については、編集委員会の承認を得たうえで投稿を認める。

2. 審査

投稿、依頼を問わず、寄稿された原稿を掲載するか否かは、査読者による審査を経て、編集委員会で決定する。なお、原稿（図表、写真など）は採否にかかわらず返却しない。

3. 原稿の種類

（１）論文（特集、および個別論文）：未発表のオリジナルな研究論文
（２）研究ノート：研究・調査の中間報告
（３）書評：内外書籍の紹介と批評
（４）資料と通信：講演会、シンポジウム、研究会等の活動記録およびニューズレター

その他、上記の枠に入らない論文や企画でも、本センターにおける研究活動の発展に寄与しうる有意義な論文や企画であれば、編集委員会で検討する。

4. 原稿の分量、体裁

(1) 分量：本文・注を合わせて20000字程度とする。原稿には、本文のほかに、日本語で500字程度の要旨およびキーワード（5語以内）を添付するほか、欧文による表題、200 ～ 300語の要旨およびキーワードを添付して提出する。

(2) 作成ファイル形式

①文字（テキスト）：なるべくマイクロソフト・ワード形式あるいはリッチテキスト形式で作成する。これ以外のものを使用する場合は編集委員会に事前に相談する。

②図・写真：できる限りデジタルデータで入稿する。ワード等に貼りこんだ図は印刷データとして使用できないため、入稿時には元データを提出する。イラストレーター作成の図は、ai形式データで提出する。写真などの画像データは、原則としてtiff、psd形式で提出する。元の画像ファイルは、使用サイズでカラー頁350dpi、モノクロ頁400dpi以上であること。

④本紀要の体裁：本紀要はＢ５版で、1ページの版面はタテ207ミリ、ヨコ136ミリである。論文と1段組みで、1ページ39字×35行（1365字）である。
研究ノートは2段組みで、1ページ20字×38行×2段（1520字）である。

⑤原稿執筆に関する「執筆要領」は、事務局への連絡により入手してください。

5. 原稿の提出

投稿原稿は、持参あるいは郵送にて環太平洋文明研究センター事務局に提出する。入稿時に必要なものは以下のとおりである。

(1) 編集委員会指定の投稿申込書（事務局への連絡により入手してください。）
(2) 本文、図・写真、表のデータ。ファイル形式は上記に従うこと。
(3) レイアウト見本（データ、手書きのいずれか）。編集委員会一任の場合はその旨を明記すること。
(4) 本文、図・写真、表データのハードコピー3部

6. その他の注意事項・抜刷

掲載された論文等の著作権は、原則として編集委員会に帰属する。論文を転載する場合や著書などとして公刊する場合は、事前に環太平洋文明研究センター事務局に連絡し了承を得ること。本紀要に掲載された著作に関しては、編集委員会の判断により、原則として執筆者の了解を得たうえで本センターが認めるホームページ等のメディアにおいて公開することができる。

論文・研究ノートについては、掲載誌1部と抜刷50部を進呈する。

7. 問い合わせ先

立命館大学　衣笠リサーチオフィス　環太平洋文明研究センター事務局
〒603-8577　京都市北区等持院北町56-1
Tel：075-466-3335（Ext：511-2831）　Fax：075-465-8342
E-mail：r-ppc@st.ritsumei.ac.jp

環太平洋文明研究　第2号　pp.1-16, 2018年3月
Ritsumeikan Pan-Pacific Civilization Studies Vol.2

内陸直下型地震・火山噴火・プレート型地震発生モデル
—巨大地震・大地震・火山噴火発生前後—

高　橋　学[1]

要旨　これまで、別個に考えられてきた内陸地震、火山の噴火、プレート型地震は、プレートの動きとの関連でモデルとして示すことが可能であると考えられる。日本列島周辺では特に動きの大きな太平洋プレートの影響が大きい。従来は､北米プレートとその下にもぐり込む太平洋プレート、ユーラシアプレートとその下にもぐり込むフィリピン海プレートという関係が注目されてきたが、動きの大きな太平洋プレートがフィリピン海プレートの下にもぐり込むことによる伊豆、小笠原、マリアナ、サイパン、グアム、パラオなどの火山や地震にも注意が必要である。西之島新島の火山活動はまさにそれにあたる。さらに、太平洋プレートの動きは、アリューシャン、カムチャッカ半島、千島列島という日本列島の北側や、桜島の火山活動にも影響している可能性がある。そして、首都圏は一番下に太平洋プレートがもぐり込み、その上にフィリピン海プレートが位置し北米プレートの下にもぐり込み、その上を北米プレートが覆うというプレートの三段重ねになっている。このために、それぞれのプレート内部に発生する地震やプレート間に発生する地震のどれもが首都圏直下地震と呼ばれる可能性があり、地震の発生する場所によってさまざまなバリエーションが存在する。

キーワード：内陸直下型地震、火山噴火、プレート型地震、太平洋プレート

Ⅰ　視点

これまで、地震や火山噴火に関しては、多様な研究が蓄積されてきた。その中で、地震予知・予測に関しては、地球物理学者のロバート・ゲラー（2011）のように、発生メカニズムが明らかになっていないので、地震や火山噴火について予知・予測はできないし、すべきでないと主張している。他方、かつて奈良市長の鍵田忠三郎（1980）が提唱し拡散した「地震雲」のように、科学的根拠のまったくないものも多数ある。彼らは、災害に対して責任のない立場で自分の意見の述べているに過ぎない。これらに対し、火山について詳細な観測を続けてきた北海道大学有珠火山観測所の岡田弘らは、有珠山が144時間以内に噴火すると予告し避難を呼びかけた。実際、その予告から143時間目に有珠山は噴火したが、人的被害は未然に防ぐことができた。地震に関しては、測量学の権威である村井俊治（2015）の「GPS測量」の成果を駆使したものや、電磁環境学の早

1：立命館大学・環太平洋文明研究センター

川正士（2011）の「電磁波」を用いたものなど、予知・予測に期待のできるものもある。

このような混とんとした状況の中で、2017年7月21日に東海地震について、9月26日南海地震について、国の中央防災会議（2017）は最終報告書の中で、現在の科学的知見では「確度の高い地震の予測はできない」と、予知を前提とした防災対応を改めるべきだとし、行政機関は「警戒態勢を取る必要がある」としたが、住民の事前避難などを求めることは難しいという最終報告を行った。これまで、東海地震ですら、最も確度が高く予知・予測が可能であるとして、多大な予算や労力を費やしてきた点からすると、大幅に後退した「責任放棄」ともいえる見解が示されたのである。その結果、実際に地域住民に接する行政などの担当者は対応に困惑している。

これに対し12月19日に、政府の地震調査委員会（2017）は北海道東部沖の太平洋で大津波を伴うM9級の超巨大地震の発生が「切迫している可能性が高い」との長期評価を公表した。それによれば、超巨大地震が今後30年間に起きる確率を、7～40%と推計している。さらに、中央構造線が、伊予灘から大分県の別府湾に抜け、内陸に続くと判ったとして、徳島西部や大分西部での地震の可能性についても論究している。四国内陸部で活断層によるM6.8以上の地震が起きる確率は、今後30年間で9～15%とした。国の地震関係の組織の中で、地震やその被害である震災についての予測・予知に対して混乱がみられる。

さて、著者は、これまで気象庁や日本気象協会のデータに基づき「巨大地震・大地震は突然起きない」ことを環太平洋文明研究1号に予察的に提示した（高橋2017）。今回は、さらにそれらを発展的に検証し、地震や震災などについて予測・予知に関する検討を続けてみたい。

Ⅱ　環太平洋地域という観点

日本で教育を受けた人にとって、世界地図の中で「環太平洋」という観点は自明と言ってもよい。しかし、欧米をはじめその影響を大きく受けた地域で教育を受けた人々にとって世界地図の中心はエルサレムや大西洋であることが多い。この観点に立つならば、世界の東端は日本列島などの高い山を越えると広大な太平洋で終わる。反対に世界の西端もロッキー山脈などの高い山を越えると茫漠たる広さの海に至る。そこには環太平洋という概念はない。その代わり、南米大陸の東側とアフリカ大陸の西側がモザイク状に接するというウェゲナーの大陸漂移説やプレートテクトニクスへとつながる観点が得られる（図1）。

さて、20世紀以降に起きたM8.5以上の巨大地震をみると11回の内、10回までが環太平洋地域で発生しており、2004年12月26日にインド洋大津波を引き起こしたスマトラ・アンダマン地震だけが、ユーラシアプレートとインド＝オーストラリアプレー

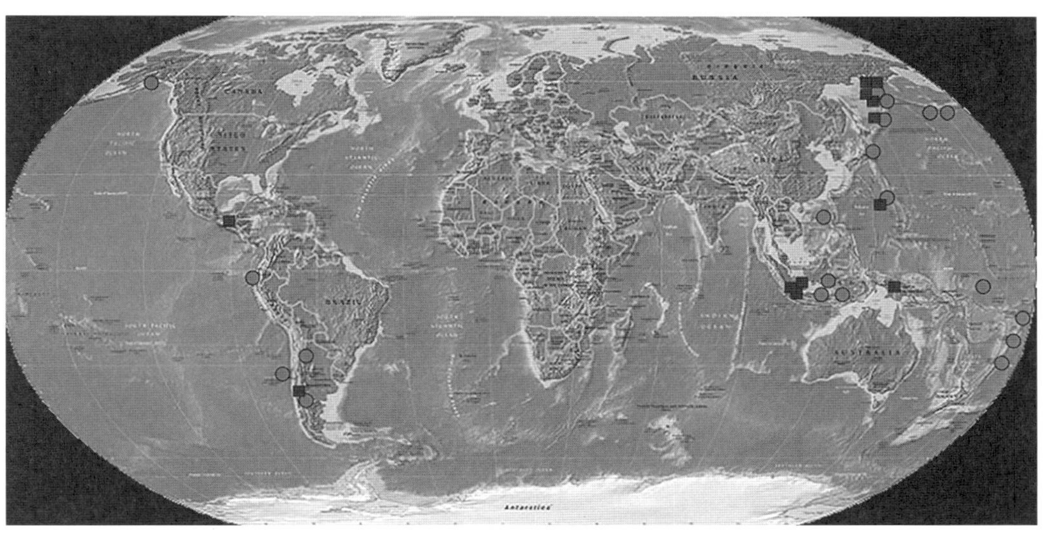

図１　環太平洋地域を意識できない世界地図（USGS）

表１　20 世紀以降に発生した M8.5 以上の地震（理科年表）

20世紀以降におけるM8.5以上の地震

規模	地震	発生日
•M9.5	バルデビア地震	19600522
•M9.3	スマトラ・アンダマン地震	20041226
•M9.2	アラスカ地震	19640328
•M9.1	アリューシャン地震	19570309
•M9.0	カムチャッカ地震	19521104
•M9.0	東北地方・太平洋沖地震	20110311
•M8.8	コロンビア地震	19060131
•M8.7	マウレ地震	20100227
•M8.7	アリューシャン西部地震	19650204
•M8.7	スマトラ地震	20050328
•M8.6	スマトラ沖地震	20120411

表２　震災ワースト 10（理科年表）

震災ワースト10（1975-）

死者数	地震	年
•65万5000	唐山地震	1976
•33万	スマトラ・アンダマン地震	2004
•23万	ハイチ南部地震	2010
•8万6000	カシミール地震	2005
•8万7000	文川地震	2008
•5万	ザンジャン地震イラン	1990
•4万7000	スピタク地震アルメニア	1988
•4万2000	バム地震イラン	2003
•2万2900以上	グアテマラ地震	1976
•4万	インド西部地震	2001

トの境界で発生しており例外である（表1）。しかし、この地震もおおまかにいえば、環太平洋地域のものであると言える。アルプス＝ヒマラヤ造山帯と呼ばれる地域では、意外に地震規模が小さい。さらに M4 以上、震源の深さ 100km以深の地震についてみると、圧倒的に環太平洋地域に集中する。

ところが、人間の生命や財産が地震により失われる震災という観点に立つならば、状況は一変する（表2）。震災ワースト 10 では、1976 年のグアテマラ地震の被害を除き、環太平洋地域では起きていない。中華人民共和国の唐山（たんしゃん）地震が群を抜いているのは、工業都市という人口の多さに加えて、鉄筋も入れないでレンガを積んだだけという建築物の特性も原因である（図2）。唐山地震は 1976 年 7 月 28 日 3 時 42 分（現地時間）に中華人民共和国河北省唐山市付近（北京の東約 150km）を震源として発生した Mw7.5 の直下型地震である。市街地を北北東から南南西に横切る断層の右ずれが地震の原因と考

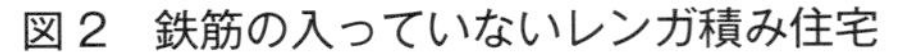
図２　鉄筋の入っていないレンガ積み住宅

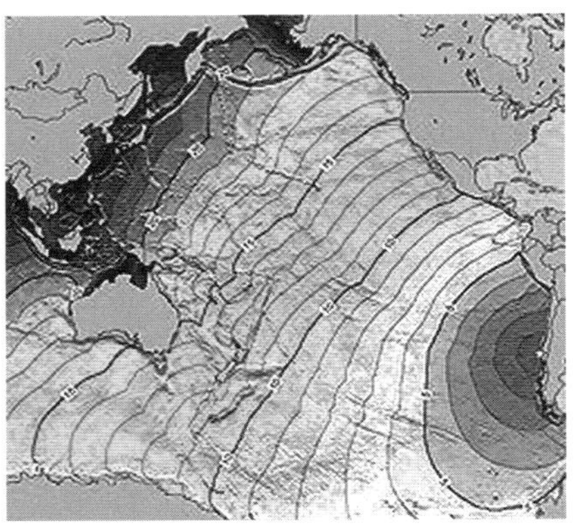

図３　太平洋を渡るバルデビア地震津波（三陸チリ地震津波、1960）

えられている。その死者は、中華人民共和国の発表では24万2000人だが、アメリカ合衆国の推計では65万5000人とされており、実態は不明のままである。

観測史上世界最大の地震は、1960年5月22日（現地時間）にチリ南部で発生したM9.5のバルデビア地震である。この地震は、ナスカプレートの沈み込みに対して、南米プレートが跳ねて生じたプレート型地震である。地震発生後15分後には、チリ沿岸に18mを超える津波が襲った。そして、津波は太平洋を渡り、15時間後にはハワイ島のヒロで最大到達標高10.5mとなり61人が死亡した。さらに、約22時間後には、最大6.1mの津波が日本にまで到達し、岩手県大船渡市などで142名の死者・行方不明者がでた。この津波が太平洋を渡る速度は約750km／時であった（図3）。また、チリでは地震の2日後に、コルドン・カウジェ山、49日後にはペテロア山、54日後にはトゥプンガティト山、7ヶ月後にカルブコ山が次々と噴火し、地震と火山活動の間に密接な関係があることが考えられた。なお、バルデビア地震の場合も、本震の前の5月21日にはMw8.2、22日にはM7.9の地震が発生しており、突然、M9.5の地震が起きたわけではなかった。

2010年2月27日にチリ中部のビオビオ州で発生したマウレ地震（M8.7）でも、最大到達標高30mの津波が発生し、2010年6月4日にはコルドン・カウジェ山、2011年6月4日にはプジェウエ山、2015年3月3日にはビジャリカ山、4月23日にはカルブコ山などが噴火し、巨大地震と火山活動との関係が推測される。

Ⅲ　東北地方・太平洋沖地震の発生前後

2011年3月11日に発生し、約2万人の人命を奪った津波を起こした東北地方・太平洋沖地震（東日本大震災）の発生前に注目すると、2008年5月7日に茨城県沖で地震が頻発するようになり、6月14日4時45分17秒に岩手沖を震源とするM3.7の地震後、岩手・宮城内陸地震（M7.2）が8時43分45秒に発生した。栗駒山周辺では大規模な山体崩壊や土砂崩れが起き、河道閉塞などが生じた。さらに2010年9月29日からは福島県中通りで、10月2日からは新潟県上越地方で内陸地震が頻発した。2011年3月9日から11日には三陸沖を震源とした地震が連続的に起き、それに福島県沖や茨城県沖地震が加わった。そして11日14時46分頃にはMw9.0の地震が起き、大規模な津波が東北地方太平洋岸を中心に発生した。ここで注目されるのは、巨大地震が3月11日に突然発生したわけではないことである。また、栗駒市で震度7の揺れが記録され、揺れは非常に広域に及んだが、その周期は長く、地震そのものによる住宅倒壊は少なかった。それに対して、臨海部の地盤沈下（約50cm）と高さ21.1mの津波（最大遡上高43.3m）が生じ、臨海部で人口の1%から最大9%の死者・行方不明者が出た。その数は約2万人を数えた。その後、震源は茨城県沖や福島県沖へと移動し、東京電力福島原発での事故などが問題をより深刻なものにしたのである。さらに、3月12日になると、震源は長野県北部や新潟県上・中越地方へと移っていった。

ここで、特に注目されるのは、内陸直下型地震とプレート型地震との震災の起き方の違いである。1891年に岐阜県根尾谷を震源とする、日本で観測史上最も大きな内陸地震の濃尾地震では岐阜市、大垣市、一宮市付近における住宅倒壊率は80%以上であった。これに対して、1944年に発生したプレート型地震であった東南海地震では、最も軟弱地盤が厚い濃尾平野西端で10%以下であった。2011年の東北地方・太平洋沖地震でも住宅が地震の揺れによって倒壊した数は少なく、約15万戸に上る住宅全壊の多くは津波によるものであった。また、約2万人の死者・行方不明者も津波が原因と考えられる。なお、1896年に発生したプレート型地震である明治三陸地震の場合も死者・行方不明者は約2万2千人であり、現在の大船渡市綾里湾で津波の遡上高は38.2mであった。

Ⅳ　内陸地震・プレート型地震・火山活動モデル

東北地方・太平洋沖地震は、東日本大震災と呼ばれる大災害を引き起こしたが、いくつかの貴重な情報を私たちに残してくれた。東北地方太平洋岸では10cm／年という非常に速い速度で海側の太平洋プレートが陸側の北米プレートの下に沈み込んでいるために、過去においてM7クラスの地震がしばしば発生していた。太平洋戦争敗戦後だけでも13回以上を数える。これらをもとに内陸地震・プレート型地震・火山活動に関するシンプルなモデルを考えた。

（1）東北地方・太平洋沖地震は突然M9.0の地震が起きたわけではなかった。2011年3月9日、10日に三陸沖で発生したM6クラスの地震を本震であるとする地元研究者の情報がマスコミを通じて流布した。そこで、後は余震であると住民たちは判断した。と

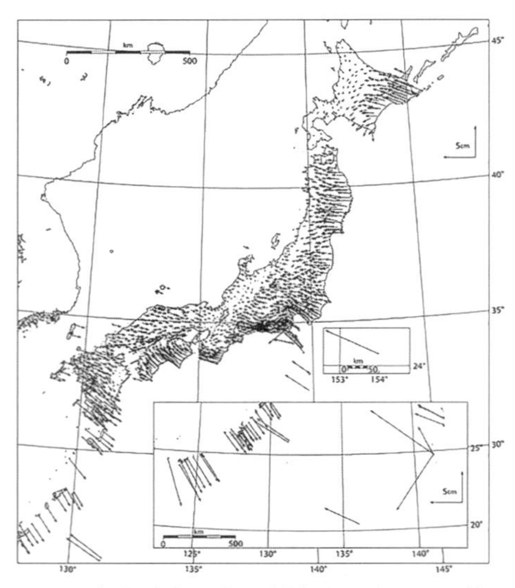

図４　東北地方・太平洋沖地震前の電子基準点の水平移動（理科年表）

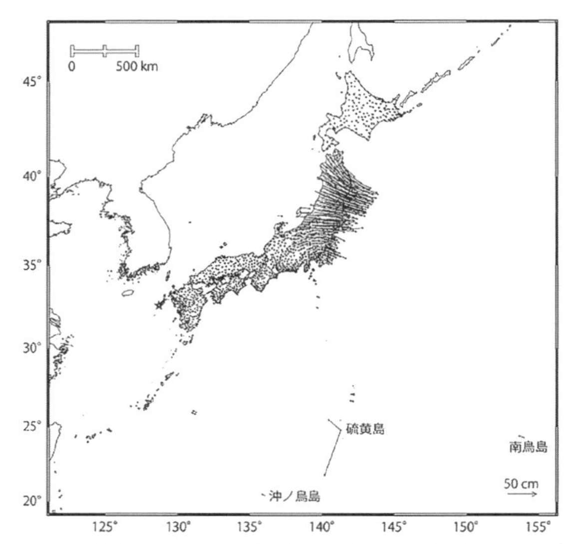

図５　東北地方・太平洋沖地震後の電子基準点の水平移動（理科年表）

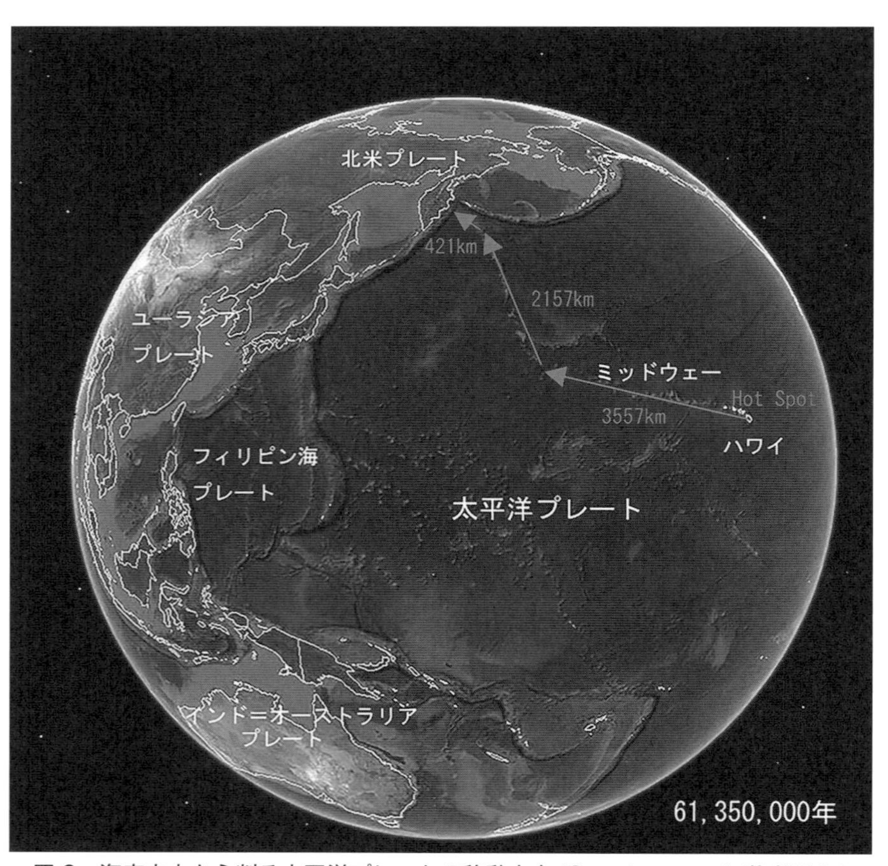

図６　海底火山から判る太平洋プレートの移動方向 (Google maps に著者記入)

ころが、3月11日になってM9.0の地震が生じ、判断に誤りがあったことがわかった。

(2) GPS測量の結果では、地震前には北米プレート上では東から西へ電子基準点が移動していたが、地震後には西から東へと移動方向が変わった(図4、図5)。太平洋プレートの動きに注目すると、地震後は北米プレートとの摩擦が減ったため、太平洋プレートの沈み込む移動速度は東から西へ30～40cm／年に上昇している。村井は電子基準点のGPS測量を用いて地震予知を試みている。たしかに、地震の前と後で陸上に設置された電子基準点は移動方向が変化しているものの、予測結果をみる限り、村井は日本列島のほぼ全域を危険地域としており、期待される予測機能を果たしているとは言い難い。電子基準点の移動で日本列島の歪のたまっている地域や程度は判る可能性があるが、地震が発生する「いき値」の時間や場所を特定できない。

(3) 太平洋プレートにはハワイ島から西に向かって火山が並んでおり、徐々に標高が低くなり海底火山の痕跡が続く（図6）。さらにミッドウエー諸島から北西に天皇海山列がカムチャッカ半島とアリューシャン諸島の境界付近へと続く。ハワイ島には、アセノスフェア起源のマグマ活動が盛んな場所であるホットスポットが位置しており、太平洋プレートがこの場所を通過する際に火山島となる。そして、プレートが移動するとともに島の火山活動が衰えて、やがて海面下に没する。この海底地形の様子から、太平洋プレートは移動方向がおよそ2度変化したことが判る。現在、太平洋プレートは、ほぼ東から西へと移動している。その原動力として、東太平洋海嶺におけるプレートの生成とマントル対流とが考えられている。また、太平洋プレートは南部ではフィリピン海プレートの下に南から北へ、東部では東から西へと沈み込んでいる。太平洋プレートがフィリピン海プレートの下に沈み込むところでは伊豆、小笠原諸島、マリアナ、サイパン、グアムなどの火山島が並んでいる。2013年11月20日から活発化した西之島新島の噴火も、太平洋プレートがフィリピン海プレートに沈み込むことに起因しており、当初マスコミに報道されたほど大噴火になることも、反対に波蝕により容易に消滅するものではない。さらに、桜島の噴火活動に注目すると、2005年まで波打ちながら減少したものの、東北地方･太平洋地震の起きた2011年に年間噴火回数が1355回に達したが、2015年10月にはユーラシアプレートの中のマグマ溜まりにマグマがほとんど無くなり、噴火が停止したり、不活発となったりした。そして、2017年3月になると再び噴火が起きるようになったのである（図7)。これまで、西南日本が位置するユーラシアプレートでは、フィリピン海プレートの影響を受けるだけで、太平洋プレートの影響を受けるとは考えられていなかった。しかし、上記のようにフィリピン海プレート自体の動きも太平洋プレートの影響を受けているし、桜島の噴火にみられるように、ユーラシアプレートの火山活動にも間接的に関与している可能性が高い。

(4) 東北地方・太平洋沖地震は、869年7月9日（貞観11年5月26日）に発生した貞観地震に津波の規模などが似ていると指摘されている。仙台平野の発掘調査などによれば、

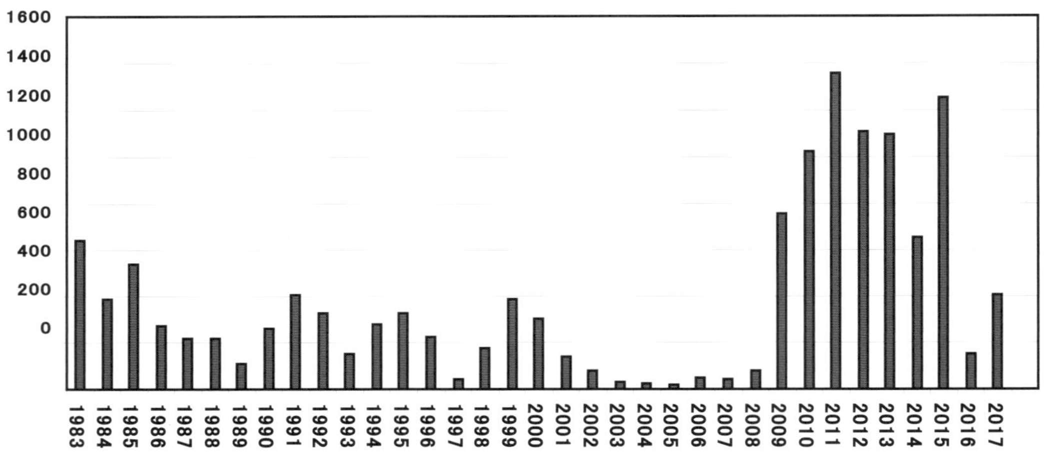

図７　桜島噴火回数（鹿児島地方気象台データを図化）

貞観地震の津波と判断される堆積物の上に、十和田ａ火山灰（To-a：915 年：延喜 15 年 7 月 5 日）、さらには中朝国境の白頭山苫小牧テフラ（B-Tm：946 年）が堆積しており、地震と火山噴火との間に関係があると推測できる（Hakozaki et al. 2017、斎野 2017）。

(5) 内陸地震とプレート型地震、さらには火山噴火の関係について、これまではそれぞれ個々に原因やメカニズムが追求されてきた。しかし、1995 年 1 月 17 日に発生した兵庫県南部地震（阪神・淡路大震災）や 2004 年 10 月 23 日に発生した中越地震以降において内陸地震、プレート型地震、火山噴火を引き起こす原因としてプレートの動きが注目されるようになった。すなわち、これらは別々に検討されるべきものではなく、総合的に考察される必要がある。著者はこれらを検討し、日本列島付近を意識して、次のような簡略なモデルを構築した。

ステージ 1：太平洋プレートやフィリピン海プレートのような動きの活発な海側プレートが、北米プレートやユーラシアプレートのような陸側プレートを圧縮し、そこに歪がたまり、内陸直下型地震が発生する。事例としては、兵庫県南部地震（1995 年：M7.3）、鳥取県西部地震（2000 年：M7.3）などがある（図 8）。

ステージ 2：陸側プレート内のマグマだまりが海側プレートの影響で圧縮され、火山が噴火する。ただし、このステージではマグマだまり中のマグマが噴出してしまうか海側プレートの圧縮に見合うだけのマグマが噴出すれば、そこで噴火は一段落する。極端に大規模噴火にならないのが特徴である。事例としては、2011 年前後の阿蘇山、霧島新燃岳、桜島の噴火、2014 年の木曽御嶽山などがある。

ステージ 3a：海側プレートの圧縮で、陸側プレートの歪が極限に達して、断層が動き内陸直下型地震が発生する。1944 年の昭和東南海地震（Mw8.2）や 1946 年の昭和南海地震（M8.0）というプレート型地震の前に 1943 年に発生した昭和鳥取地震（M7.2）

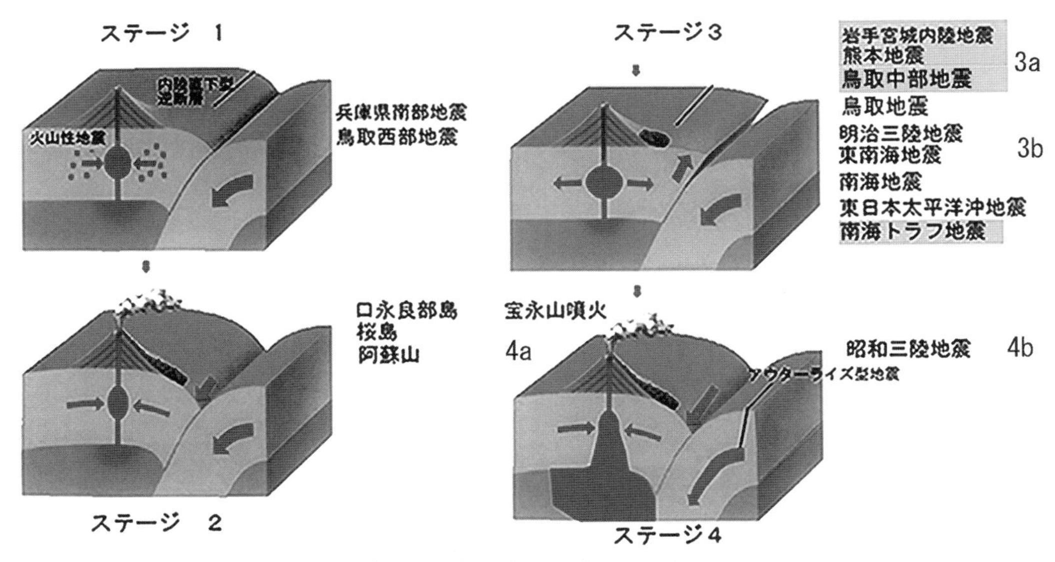

図８　内陸地震・火山噴火・プレート型地震モデル

や 1945 年に発生した昭和三河地震（M6.8）などがこれにあたると考えられる。2011 年東北地方・太平洋沖地震の 3 年前に起きた岩手・宮城内陸地震（M7.2）や、2016 年から 2017 年にかけて発生した熊本地震（Mw7.0）、韓国の慶州（キョンジュ）地震（Mw5.4）、鳥取県中部地震（Mw6.2）や韓国の浦項（ポハン）地震（Mw5.4）などが、このステージにあたるとみなしている。ユーラシアプレートの歪が韓国南東部まで及んでいる証拠と考えられる（図 9）。また、熊本地震と同日に起きた地震を東アジアという視点で見るならば、太平洋プレート、あるいはフィリピン海プレートが関わっている、アリューシャン列島、カムチャッカ半島などから、熊本を経てフィリピン、パプアニューギニア、ソロモン諸島方面まで地震が発生している点に目を向ける必要がある（図 10）。熊本地震の時、いくつかのマスコミメディアは、熊本と大分に限定して地震の状況を発表していた。しかし、阿蘇山を挟んで西側と東側に震源を持つ地震は、日本最大の活断層である中央構造線と関係することは明白であった。しかし、放送する映像の範囲をやや広域にとるだけで、西は鹿児島県の川内原発が、東は愛媛県伊方原発が視野に入ってくるのを意図的に避けたと思わざるを得ない。

ステージ 3b：陸側プレートが跳ねて、プレート型地震が発生する。揺れの周期が長く、キラーパルスと呼ばれ一戸建て住宅に大被害を引き起こす 1 秒周期の地震と異なる。そのため、地震揺れそのものによる一戸建て住宅の被害は、地盤の悪いところでも 10% 以下と少ないが、津波が発生する。また、広い範囲において液状化が起きたり、高層ビルで長い時間揺れが続いたりする特徴がある。

ステージ 4a：陸側プレートの跳ね上がりにより、固着域が少なくなり海側プレート

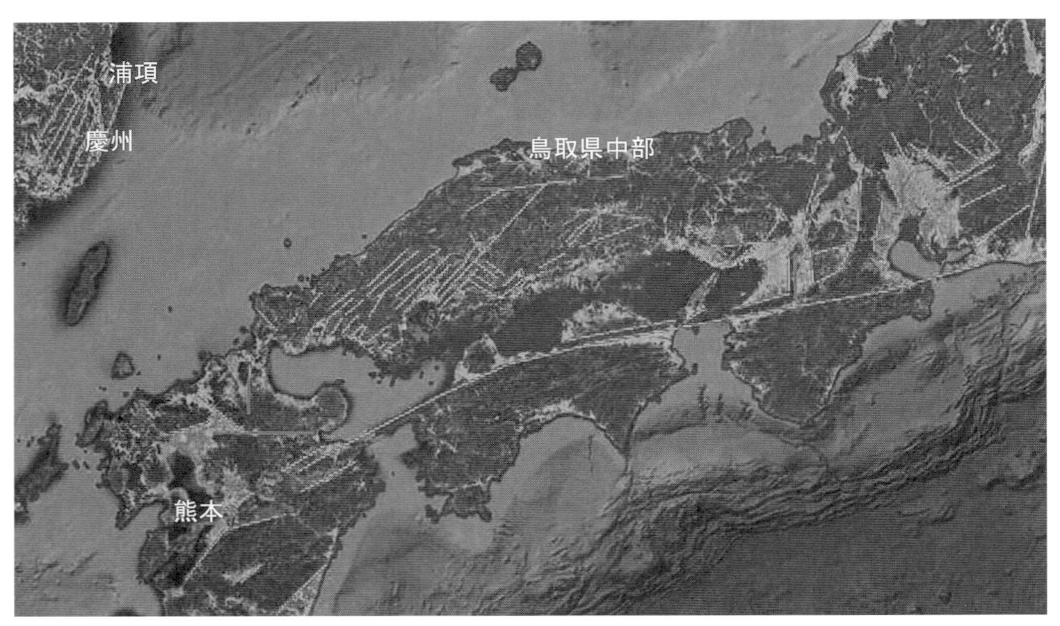

図９　熊本地震・浦項地震・鳥取県中部地震（Google maps に活断層を著者記入）

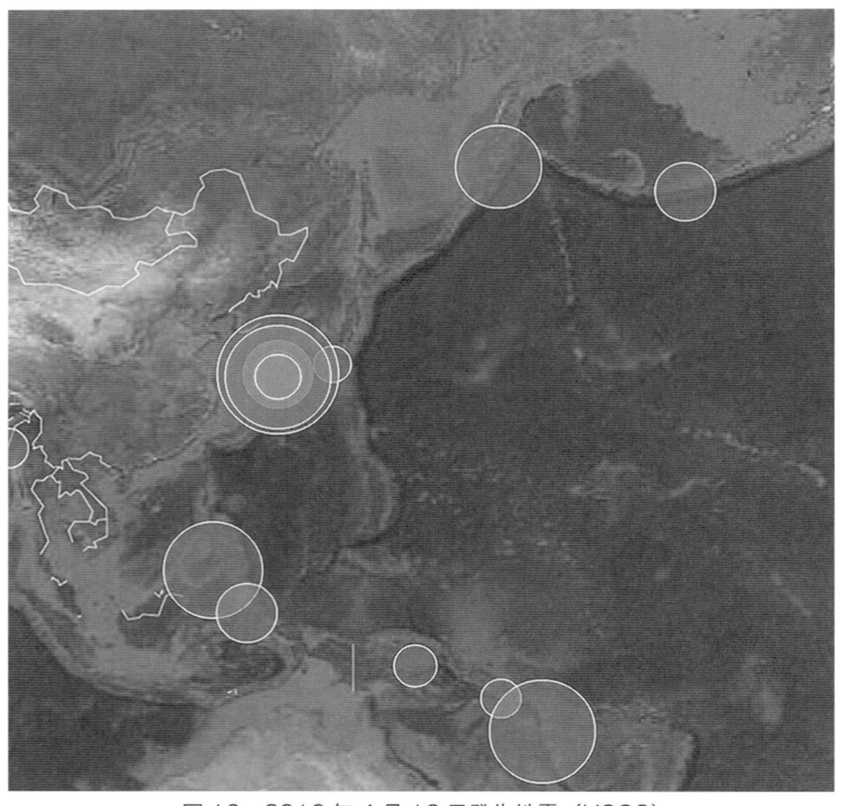

図 10　2016 年 4 月 16 日発生地震（USGS）

の沈み込む速度が速くなる。東北地方・太平洋沖地震の場合、太平洋プレートの沈み込み速度は地震前の10cm／年から30〜40cm／年に加速した。また、陸側プレートに設置されている電子基準点は、地震以前に北米プレートは東から西へ移動していたのが、地震後は西から東に太平洋プレートに引きずり込まれるようになった。そして、太平洋プレートは地下500km以深到達し、溶けて大量のマグマが生成された。そのため、このステージでは火山の噴火が再び生じるが、今度の噴火は噴煙が1万mを超える高さまで上がる爆発的噴火になると考えられる。プレート型地震であった明治三陸地震（1886年）の後には会津磐梯山（1888年）が大噴火した。また、東北地方・太平洋沖地震ではカムチャッカ半島から千島列島にかけてシベルチ山、クリュチュシュコア山、ベズイミアニ山、カンバルニー山、エベコ山など5つの火山が爆発的噴火を起こしている。2017年12月20日、ベズイミアニ山が大噴火し、噴煙の高さは上空1万5000mに達し、付近を通過する飛行機に警戒が強く呼びかけられている。

また、海側の太平洋プレートの沈み込み速度が数倍にも加速したことで、東側に続くプレートが追従できず張力が生じ太平洋プレートとの間に正断層ができるアウターライズ型地震が、もう一度発生し大きな揺れとともに津波が発生する可能性がある。明治三陸地震に対して昭和三陸地震（1933年）はアウターライズ地震であった。この時は、37年と長い時間がかかったが、インド洋大津波を起こしたスマトラ･アンダマン地震（2004年）の場合、8年後にアウターライズ型地震が生じている。東北地方・太平洋沖地震の発生（2011年）から7年たち、カムチャッカ半島や千島列島で火山の爆発的噴火が起きている状況の中で、アウターライズ型地震が発生するのは時間の問題であろう。

Ⅴ　災害危険予測地図の構造的欠陥

さて、プレート型地震の際、津波の発生で多くの死者や行方不明者がでることはよく知られている。明治三陸地震（M8.2-8.5）の場合、津波は38.2mまで遡上し、死者：2万1915人、行方不明者44人であったという。これに対して、アウターライズ型地震と考えられる昭和三陸地震（Mw8.4）では、最大遡上高は28.7mを記録し死者520人、行方不明者452人に達した。アウターライズ型地震の場合、その前に起きたプレート型地震で倒壊する建物は既に倒壊しており、津波被害に遭ったところでは既に建物が建っていないことが多いために被害は小さくなる傾向がある。

ところで、津波の移動速度は、水深の深い海域で750km／時〜900km／時、陸上で36km／時程度である。すなわち、外洋ではジェット旅客機なみ、陸上ではオリンピックの100m走の選手なみの速度であり、極めて速く、津波がみえてから普通の人が水平移動で避難することは不可能である。また、津波は高速で移動する水の塊であり、それを遮るようなビルなどを水深の4〜5倍以上遡上する。津波は低い気圧によって海面が高くなったり、強風で吹き寄せられたりする高潮とはまったく異なる。1959年の伊勢湾台風時に6mに達する高潮が発生したが、それはその高さとほぼ同じ高潮堤防で防ぐことが可能である。これが津波の場合だと、水深6mでは25m以上まで遡上する可能性が高いし、高潮堤と同じ構造や強度ならば、一瞬にして破壊されることになる。

また、仮に最高遡上高30mとしても、通常3階ないし4階建ての学校より高く、津波はその屋上を超える。すなわち、学校の校舎では津波避難場所にならないのである。名古屋市や大阪市などの臨海部では、小中高などの校舎を垂直避難場所としているが、津波避難場所としては意味をなさない。また、現在、臨海部に設置されつつある津波避難タワーは、高さが15m程度のものが多く使用に耐えない（図11）。しかも、タワーに収容できる人数は100人に満たないことがほとんどであり、避難施設としてはまったく役立たないと言ってよい。

東北地方・太平洋沖地震の際、宮城県石巻市門脇小学校では、地震後、保護者のもとに帰った少数の児童を除き、学校の裏山へと避難し大多数が事なきをえた（図12）。津波後、校舎屋上に普通乗用車が取り残されていることからも津波の脅威と適切な避難行動の重要性が判る。他方、同じ石巻市大川小学校では、児童や教職員の8割以上が犠牲となった。ここの小学校の場合、ハザードマップ（災害危険予測地図）が、被害を大きくする一因となったと考えられる。石巻市が配布した津波のハザードマップによれば、大川小学校は津波の被害に遭わない場所と記されていた（図13）。それを信じた教職員たちは、津波の到達までに40分という時間があり、実際に市の広報車が15分前に津波の到来を告げたにもかかわらず、児童を安全な場所に避難させなかった。

さて、ハザードマップは、1956年に作成された濃尾平野水害地形分類図（大矢1993）が3年後に起きた伊勢湾台風の被害を予測できていたことで注目を浴びた。資源に乏しい日本においては、資源の輸入や加工した製品の輸出のために、臨海工業地帯を整備し活用することが急務であったのである。そして、ハザードマップは1995年の兵庫県南部地震（阪神・淡路大震災）後に、急速に地方の行政組織に取り入れられ住民に配布された。ところが、ハザードマップが作成され流布される際に大きな問題点があったのである。

実は、ハザードマップを作成しようとしても、都道府県や市町村には、それができる人材は皆無と言っても過言ではない。そのため、一般にコンサルタントや外部にハザードマップ作製委員会を作りそこに地図の作成が委託された。そうした場合、時間、労力、専門的知識を駆使して、より精度の高いものを作成しても、地方行政体や地域の住民には歓迎されない。なぜなら、著者の経験によれば、精度の高い地図を作れば作るほど危険と分類される地域が広くなるのである。そのような地域を赤色で彩色した場合、地図の大半が赤く示されたものを地方行政体に提出しても、喜んで受理されることはない。また、地域の住民にとっても、自分の居住する場所の安全度が低く評価されることは自

図 11　津波避難タワー

図 12　津波に襲われた門脇小学校

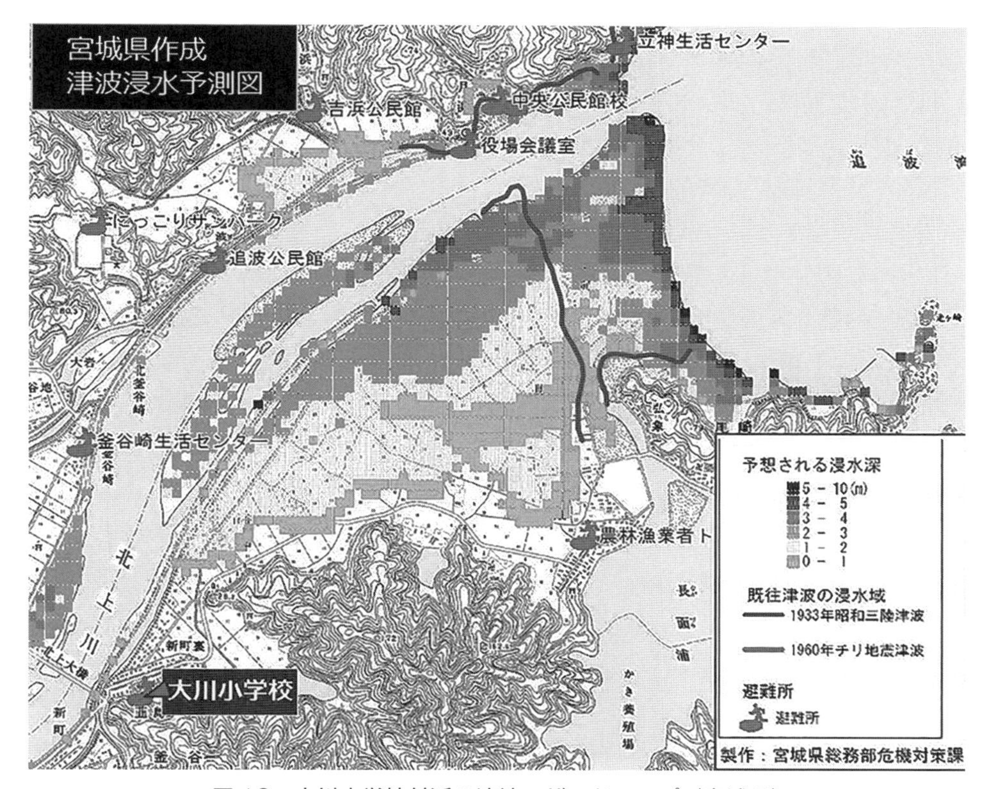

図 13　大川小学校付近の津波ハザードマップ（宮城県）

己の財産価値評価に関わるため好まれないのである。委員会の場合はともかく、コンサルタントにとっても、地図の作成に時間や労力をかけ精度を上げたハザードマップが歓迎されないのであれば、最初から時間、労力、専門的知識をかけずに地図を作成することになる。そうすれば、地図作成費用の見積もりが安くなるために受注しやすくなる上に利益も上がることになる。このような構造の中で、精度の低いハザードマップが作成され流布したのである。また、避難場所に指定された場所が安全性に欠ける場合、避難場所に行くための道路が考慮されていることはほとんどない。ハザードマップで避難場所とされている学校、公園、公民館などは、安くて広い土地が手に入る場所に立地していることが多い。また、避難路が建物の倒壊や道路の寸断で避難場所に行くことが不可能な場合も多い。

さらに、住民は不安な夜を体育館（公民館）で過ごしているという定式化された災害報道により、本来、災害危険度の低い自宅からわざわざ危険なところに「避難」している場合すらある。そういった点で、ハザードマップや災害報道の在り方を見直す必要がある。

Ⅵ　まとめ

これまで、別個に考えられてきた内陸地震、火山の噴火、プレート型地震は、プレートの動きとの関連でモデル化することが可能であると考えられる。日本列島周辺では特に動きの大きな太平洋プレートの影響が大きい。従来は、北米プレートとその下にもぐり込む太平洋プレート、ユーラシアプレートとその下にもぐり込むフィリピン海プレートという関係が注意されてきたが、動きの大きな太平洋プレートがフィリピン海プレートの下にもぐり込むことに起因する伊豆、小笠原、マリアナ、サイパン、グアム、パラオなどの火山や地震にも注意が必要である。西之島新島の火山活動はまさにそれにあたる。さらに、太平洋プレートの動きは、アリューシャン、カムチャッカ半島、千島列島という日本列島の北側や、桜島の火山活動にも影響している可能性がある。そして、首都圏は一番下に太平洋プレートがもぐり込み、その上にフィリピン海プレートが位置し北米プレートの下にもぐり込み、その上を北米プレートが覆うというプレートの三段重ねになっている。このために、それぞれのプレート内部に発生する地震やプレート間に発生する地震のどれもが首都圏直下地震となる可能性がある。地震の発生する場所によってさまざまなバリエーションが存在する点に注意が必要である。

参考文献

大矢雅彦　1993「木曽川流域濃尾平野水害地形分類図」『アトラス水害地形分類図』早稲田大学出版部。
鍵田忠三郎　1980『これが地震雲だ―雲はウソをつかない』中日新聞出版部。
斎野裕彦　2017『津波災害痕跡の考古学的研究』同成社。
地震調査委員会　2017『全国地震動予測地図』。
高橋　学　2017「巨大地震・大地震は突然に起きない」『環太平洋文明研究』1、pp.1-10。
中央防災会議　2017『南海地震　最終報告書』。
早川正士　2011『地震は予知できる！』ベストセラーズ。
村井俊治　2015『地震は必ず予測できる！』集英社。
ロバート・ゲラー　2011『日本人は知らない「地震予知」の正体』双葉社。
Hakozaki, M., Miyake, F., Nakamura, T., Kimura, K., Masuda, K., Okuno, M.（2017 年 8 月）Verification of the annual dating of the 10th century Baitoushan Volcano eruption based on AD 774-775 carbon-14 spike. Radiocarbon, DOI：10.1017/RDC.2017.75

【貞観時代の大地震・大噴火】

・863 年 7 月 6 日：越中・越後地震→新潟県中越沖地震（2004 年）
・864 年 7 月 2 日～：富士山・貞観大噴火→富士山大噴火（201X 年？）
・868 年 7 月 30 日：播磨国地震（兵庫県内陸）、M7 →阪神淡路大震災（1995 年）
・869 年 7 月 9 日：貞観地震（三陸沖？）、M8.3 ～ 8.6 →東日本大震災（2011 年）
・878 年 10 月 28 日：相模・武蔵地震、M7.4 →首都直下地震（201X 年？）
・887 年 8 月 22 日：仁和地震（南海トラフ？）、M8.0 ～ 8.5 →南海トラフ地震（201X 年？）

【400 年前の大地震・大噴火】

・1596 年 9 月 1 日：慶長伊予地震（愛媛県、中央構造線）、M7.0
・1596 年 9 月 4 日：慶長豊後地震（大分県）、M7.0 ～ 7.8 →熊本地震（2016 年）
・1596 年 9 月 5 日：慶長伏見地震（京都）、M7.5
・1605 年 2 月 3 日：慶長地震（南海トラフ説あり）、M8 →南海トラフ地震（201X 年？）
・1611 年 12 月 2 日：慶長三陸地震、M8.1 ～ 9 →東日本大震災（2011 年）
・1619 年 5 月 1 日：肥後（熊本）、M6.0 →熊本地震（2016 年）

【300 年前の大地震・大噴火】

・1677 年 4 月 13 日：延宝八戸沖地震（三陸沖北部）、M7.2 ～ 8.0 →東日本大震災（2011 年）
・1677 年 11 月 4 日：延宝房総沖地震、M8.0 →房総沖大地震（201X 年？）
・1703 年 12 月 31 日：元禄関東地震、M8.1 →首都直下地震（201X 年？）
・1707 年 10 月 28 日：宝永地震（南海トラフ）、M8.4 ～ 9.3 →南海トラフ地震（201X 年？）
・1707 年 12 月 16 日～：富士山・宝永大噴火→富士山大噴火（201X 年？）

Models of Inland earthquake・Volcanic eruption・Plate type earthquake

TAKAHASHI Manabu[1]

Abstruct：Inland earthquakes, volcanic eruptions, and plate type earthquakes that have been thought separately can be considered as models in relation to the movement of the plate. The influence of the Pacific plate with great movement is particularly large in the area around the Japanese archipelago. Conventionally, although the relationship between the North American plate and the Pacific plate that fits under it, the Eurasian plate and the Philippine Sea plate underneath it have been noted, the Izu caused by the large Pacific plate moving under the Philippine Sea plate , Volcanoes such as Ogasawara, Mariana, Saipan, Guam, Palau and earthquakes are also necessary. Volcanic activity of Nishinoshima is exactly that. Furthermore, the movements of the Pacific plate may affect the northern part of the Japanese archipelago called Aleutians, Kamchatka Peninsula, Kuril Islands, and Sakurajima Volcanic Activity. And in the Tokyo metropolitan area, the Pacific plate got stuck in at the bottom, the Philippine Sea plate was positioned on it, and it got stuck under the North American plate which is a three-tiered stack of plates. For this reason, it is necessary to note that there are possibilities of earthquakes occurring inside each plate and earthquakes occurring between plates in the area immediately below the Tokyo metropolitan area, and there are various variations depending on where the earthquake occurs.

Key words：Inland earthquake, Volcanic eruption, Plate type earthquake, the Pacific plate

1：Ritsumeikan University, Ritsumeikan Research Center for Pan-Pacific Civilizations

環太平洋文明研究　第2号　pp.17-38, 2018年3月
Ritsumeikan Pan-Pacific Civilization Studies Vol.2

変わりゆくモンゴル遊牧民のくらし
—都市近郊における人口・家畜頭数の動向から読み解く—

冨　田　敬　大[1]

要旨　モンゴルにおける牧畜業の動向を把握することは、牧畜を基幹産業とする同国の社会・経済の発展はもちろん、過放牧や寒雪害など環境問題の解決策を探るうえでも重要である。社会主義体制が崩壊し、市場経済へと移行した1990年代初頭以降、モンゴルでは、牧畜経営をめぐる地域間・個人間の格差が大きくなっていることが指摘されてきた。本論文では、過去四半世紀にわたって、牧畜経営がいかに再編されてきたのか、その実態と要因を、広域的には首都圏に含まれるボルガン県の3地域の事例をもとに検討した。ここでは、国家統計局や地方の行政機関が管理する人口および家畜頭数の統計データと、人びとへの聞き取りや実際の観察などフィールドワークにもとづくデータを組み合わせた分析を行った。その結果、都市近郊にある調査地では、遠隔地からの人口流入による影響が確かに大きいものの局所的であり、むしろさまざまな要因が複雑に関与することによって、人口・家畜頭数の変動が生じていることがわかった。いずれの地域でも、牧民たちが自らの所有する家畜頭数を減らさないように自家消費および売却を行っているという共通した特徴が見出された（ただしこれは、移行当初の売却可能な市場がありながら、食料として家畜を自給的に消費していた状況とは明らかに異なる)。一方で、同じ都市近郊といえども、家畜（肉）および畜産物の利用にはかなりの地域差がみられた。牧畜経営の多様化をもたらした要因として、市場からの距離とともに、各世帯が所有する家畜群の規模や構成ならびにそれらを基礎づける土地や労働力の多寡が関与していた。さらに、これら土地・家畜・人という3つの生産要素の関係性に、社会主義時代の開発や実践がかかわっていることを確認した。

キーワード：牧畜、人口・家畜統計、市場経済化、都市近郊、モンゴル

I　問題の所在

2016年末、モンゴル[1)]では、家畜の総頭数が6154万頭に達し、昨年に引き続いて過去最大の頭数を更新した[2)]。ここでいう家畜とは、モンゴルで五畜とよばれるヒツジ、ヤギ、ウシ、ウマ、ラクダをさし、舎飼いされるブタやニワトリなどは含まれていない[3)]。社会主義国家として近代化を進めた20世紀半ば以降、モンゴルでは、牧畜が基幹産業に位置づけられ、家畜の増産は国家経済の中心的課題であり続けた。しかしながら、そのようなモンゴルにとっても、近年の家畜頭数の急増は、必ずしも手放しで喜べるものではない。

1：立命館大学 立命館グローバル・イノベーション研究機構

図1をみれば明らかなように、モンゴルでは、社会主義体制が崩壊し、市場経済へと移行した1990年代初頭以降、家畜頭数が右肩上がりに増加している。社会主義時代に相当する1970～1991年にかけて家畜頭数はほぼ横ばいで、3000万頭を超えることはなかったのに対して、ここ25年間の家畜の増加は、まったく驚くべきことであり、あたかも市場化が牧民の生産意欲を高めた結果であるのようにみえる。しかし、事態はそう単純ではない。後に詳しく議論するように、背景として、畜産物を売却するための市場へのアクセスが困難になったことや、牧民自身の経営戦略が変化していること（家畜頭数を増やしつつ、より多くの経済的利益を得ること）などがあげられる。また、家畜頭数の急増は、植生への悪影響をもたらし、ここ十数年頻発している寒雪害（ゾド）による被害が拡大する要因ともなっている。

このように、市場経済化後の牧畜業の動向は、モンゴルの経済発展にとって重要であるばかりでなく、自然環境の保全・保護とも密接にかかわっており、自然環境、そして社会・経済の持続性を考えるうえで避けては通れない問題である。

市場経済化後のモンゴル牧畜の特徴をめぐっては、人類学者や歴史学者などが、脱集団化（decollectivization）という枠組みで議論を展開してきた。ここでは、移行当初、国営企業の解体により職を失った人びとが、都市部や地方の中心地から草原に移り住み、生活のために牧畜を始める現象を、「伝統への回帰」とみる見方が支配的であった[4]。こうした傾向は、1999年にディヴィッド・スニースが発表した二重の生産様式（dual productive modes）をめぐる論文（Sneath 1999）にも認められる。スニースは、革命以前のモンゴルにおいて、家畜の増産を目指して特定の種類の大規模家畜群を飼育する「収益

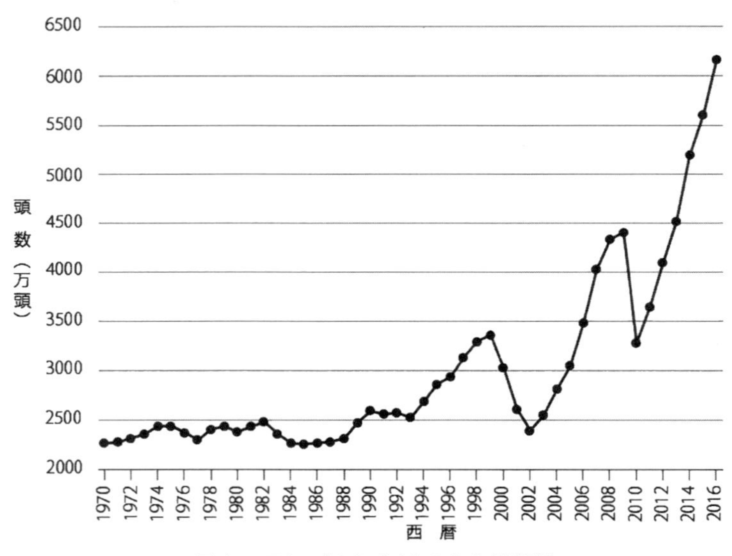

図1　モンゴルにおける家畜総頭数

（モンゴル国家統計局提供資料により筆者作成）

追求的な（yield-focused）」または「専門的な（specialist）」ものから、衣食住など家庭内の需要を満たすために多種類少数の家畜群を維持する「生業的な（subsistence）」ものまで、さまざまなタイプの牧畜があったと考えた。そして、この二つの対照的な生産様式の比重の違いとして、社会主義化、市場経済化による牧畜社会の変化を説明しようとした。彼の議論を単純化して示せば、社会主義時代（特に牧畜の集団化が完了した1950年代後半以降）には、革命以前に封建領主や寺院のもとで行われていた収益追求的な（専門的な）生産様式が、すべての牧民と大多数の家畜を覆い尽くすほどに拡大した。これに対し、市場経済化後は、協同組合が解体され、個別世帯による牧畜経営が中心になるなかで、より生業的な生産様式が強まるだろうと推測している。つまり、社会主義体制の崩壊により、少なくとも短期的には、個別世帯を単位とした自給的な牧畜生産に「回帰」すると捉えられたのであった。

しかし、2000年代に入り、牧民たちを取り巻く自然環境および社会環境の変化に伴って、牧畜経営の多様化が進んでいる。小長谷有紀は、家畜の飼育や利用の仕方をめぐって地域間・個人間の格差が大きくなるなど、（小長谷2007）、現実はもはや市場経済への移行に伴う混乱期をへて、「ポスト移行期」に入ったと述べた。さらに、尾崎孝宏は、都市周辺では、ウシやウマを主力とする小規模かつ定着的な牧畜が展開する一方、遠隔地では、小家畜を主力とした大規模かつ移動性の高い牧畜が中心となっており、都市近郊と遠隔地のあいだで経営戦略の二分化がみられること（尾崎2013）を指摘した。いずれの研究も、市場（都市や国境など）からの距離が、牧民の経営戦略に大きな影響を与えているという点で一致している。ただし、各地域の牧畜経営が、過去四半世紀にわたる社会経済変動のもとでどのように再編されてきたのか、またそれらにいかなる差異や共通性がみられるのかを実証的に解明するには至っておらず、大きな課題となっている。

そこで本論文では、市場経済化後のモンゴルにおいて牧畜経営がいかに再編されてきたのか、その実態と要因を、都市近郊の事例をもとに検討することにしたい。その際にここでは、国家統計局や地方の行政機関が管理する人口および家畜頭数の統計データと、人びとへの聞き取りや実際の観察などフィールドワークにもとづくデータを組み合わせた分析方法を用いる。モンゴルでは、農牧業の集団化が完了した1960年代以降現在に至るまで、1年に一度[5]、郡（ソム）およびその下部組織である行政区（バグ）を単位として、人口・家畜頭数の調査が実施され、その結果が「家畜基本台帳（malin “A” dans）」などとよばれる帳簿にまとめられてきた[6]。これらの資料には、職業、家族構成、所有家畜などが、世帯レベルで詳細に記録されており、聞き取りや観察にもとづくデータとの照合が可能である。ここでは、郡、より厳密には行政区を調査対象の地域的範囲として設定し、都市近郊にある複数の地域の事例を比較対照することで、国家、地方行政、個人・世帯のあいだの交錯した関係を読み解くことを目指す。

本論文の構成は、以下の通りである。まず、市場経済化後の牧畜業を取り巻く状況と課題について説明し、「都市周辺地域」が争点となっていることを示す。次に、調査地に選んだボルガン県内の3地域の人口および家畜頭数の全体像を把握する。そして、家畜および畜産物の利用状況を、家畜基本台帳から算出したデータとフィールドデータを組み合わせて検討する。そのうえで、定住地での家畜飼育を事例として、都市・地方の中心地（非牧畜業従事者）対草原（牧畜業従事者）という図式におさまらない経営戦略のあり方について考察を行う。最後に、市場経済化後の牧畜経営の多様な状況とその要因について議論する。

Ⅱ　市場経済化後の牧畜業をとりまく状況

1　市場経済化は牧畜社会に何をもたらしたのか

市場経済への移行により、社会主義体制のもとで維持されてきた生産諸関係は解体されることになった。モンゴルでは、融資の借款にからむ国際機関や援助国とのかかわりのなかで、きわめて短期間に急激な変化を経験した。なかでも、農牧業はほかの部門に先駆けて改革に着手し、1991年に農牧業協同組合と国営農場の民営化が決定され、92年までに全国に255あった協同組合のほとんどが解散させられた[7)]。さらに、1994年には全家畜の90%の私有化が完了（鯉渕 1995）し、30年以上続いた集団的な農牧業生産のシステムは、わずか3年ほどであっけなく消えてしまったのである。

家畜を取り戻した人びとは、会社組織や協同組合などの組織に頼らず、自らの力で家畜飼育を行うようになった。牧民は、協同組合のもとでの労働者という立場から、個別ないしは複数の世帯を単位とする自営業者になったのである。モンゴルでは、その後1990年代末にかけて、牧畜業に従事する人びとの数が増加した[8)]。背景として、国営企業の破綻により職を失った人びとが、都市部や地方の中心地から草原に移住し、牧畜を始めるようになったことがあげられる。価格の自由化により物価が急上昇し、食料や日用品の入手が困難になるなかで、少なくとも家畜を飼育するかぎり、食いはぐれることはないし、また家畜は貨幣の代替物としても有効であった（尾崎 2017）からだ。このように、移行当初の混乱期においては、牧畜がある種のセーフティネットとしての役割を果たしたのであった。

だが、牧畜のくらしは必ずしも安定したものではなかった。1999年から三年連続で発生した寒雪害により、家畜が大量死した。その結果、2002年の家畜頭数は2390万頭となり、1999年に比べて967万頭（約29%）も減少した。特に大きな被害を受けたのが、市場経済化後に新たに牧畜を始めた牧民であった。彼らの多くが、牧畜の経験が浅く、スキル不足によって、多くの家畜を失い、離牧し都市に戻った（前川 2014）とされる。社会主義時代には、干害や寒雪害の被害を軽減するために、地方の行政機関主導のもと牧草・飼料の備蓄や、災害時の組織的な対応がなされていたが、それらがなくなったことも、被害の拡大につながった。

自然災害や家畜感染症[9]などに対する脆弱性が増している以外にも、牧民の生活を困難にしたものがある。それが、家畜を売買する市場の欠如、および畜産物を輸送するための流通システムの不備である。現在、モンゴルでは、総人口の半数近くが首都ウランバートルに集中している。もちろん、首都以外にも、都市は存在するが、人口が少なく、市場の規模は限られる。社会主義時代には、肉、毛・皮革、乳製品などを組織的に調達し、都市や地方の中心地へ供給する公的な流通システムが存在した。それが市場経済への移行後、牧民が自ら販路を確保する必要が生じただけでなく、畜産物の輸送にかかるコストを自ら負担しなければなくなった。また、食料や生活用品の価格も、都市から離れるにしたがって高くなり、市場（都市・国境）からの距離が、牧民の生活に大きな影響をおよぼすようになった。

このような状況に、牧民たちは、地方から都市へと移り住み、市場からの距離を縮めることによって対処した[10]。背景として、1992年の新憲法で、個人の移動および居住地を選択する権利が認められたことが大きい。移住には大きく分けて二つのパターンがある。ひとつは、地方から都市の内部に移住すること、もうひとつは、地方から都市周辺に移住することである。両者の違いは、前者は家畜を手放して、別の仕事を探さなくてはならないが、後者は基本的な仕事の内容を変更せず、都市の市場や社会サービス、インフラへのアクセスを可能にする、という牧畜の継続を前提としたものである。

地方から都市への移住は、2000年代以降顕著となり、首都ウランバートルと第二の都市エルデネトのあるオルホン県で、総人口に対する転入人口の割合が高い。一方、もっとも転出人口の割合が高いのは、西部のオブス県で、同じく西部のザブハン県、東部のドルノド県、中部のトゥブ県[11]がこれに続く（鬼木2013）。これら地方から都市への移住者には、上述した二つのパターンが含まれるが、このうち家畜を伴って移住してきた人びとによって、都市周辺の草原は混み合っており、過放牧の危険があることが指摘されている。将来にわたり人と家畜の過剰な集中が続けば、草地が劣化し、牧畜を続けられなくなる恐れもある。

2　争点となる都市周辺地域

近年、こうした首都と新興都市の周辺地域において、牧畜の定着化が進んでいる。筆者がこれまで調査を行ってきたエルデネト周辺では、牧民の季節移動の距離や回数が著しく低下している（冨田2017）。社会主義時代には、四季の変化に応じて宿営地のあいだを移動するというパターンが一般的であったが、現在では、半数以上の世帯が特定の宿営地を複数の季節にわたって利用している。また、家畜を肥えさせるために畜群の一部を遠方にある牧地で一時的に放牧するオトルもほとんど行われなくなった。

牧民の移動性の低下をもたらした要因はいくつかあるが、とくに都市周辺地域では、市場や公共サービスへのアクセスを求めた他地域からの移住によって、家畜頭数と牧民人口が増加し、放牧密度が高まっていることが指摘されている（鬼木 2013）。牧民の移動性の低下は、放牧地をめぐるさまざまな問題を引き起こしている。まず、特定の土地を長期間にわたって利用するために、草原の劣化や水・森林資源の減少といった環境破壊が起こっている。次に、移動範囲の縮小に伴い、気候や植生の条件が近い土地を利用するようになり、寒雪害などの環境変化による影響を受けやすくなった。そして、限られた範囲内に宿営地が集中するために、草地や水場の利用をめぐってトラブルが発生している。

こうした状況を受けて、政府は、2003 年に国会承認した「モンゴル政府の食料・農業政策」において、都市や地方の中心地近くで集約的牧畜を増加させる方針を打ち出した（小宮山 2016）。ここでいう、集約的牧畜とは、定住ないしは半定住の状態で収益性の高い家畜飼育を行うことを意味し、環境と経済の両面で持続可能な経営モデルとして期待されている。モンゴルでは、家畜の総頭数が増加したにもかかわらず、都市部への肉や乳製品の供給が不足しており、食料価格の高騰が続いている。また、食の多様化が進み、伝統的な食文化にはない豚肉や鶏肉の需要が高まっている。このようななかで、政府は、都市部への安定した食料供給を実現するために、都市近郊での集約的牧畜の導入を進めており、その方針は 2010 年に国会承認された 10 年間の開発計画である「モンゴル家畜国家プログラム」にも引き継がれている（冨田 2014）。

以上のように、都市周辺地域は、都市に近づき生活を改善しようとする移住者の思惑と、それに翻弄される地元住民、そして当該地域の貧困および環境問題と、都市への食糧供給の問題を同時解決しようとする政府のねらいが複雑に交錯する場となっている。本論文では、モンゴル第二の都市エルデネトの周辺に位置するボルガン県において、市場経済への移行後、牧畜経営がどのように再編されてきたのかについて検討を行う。

3　調査地と研究方法

本論文の舞台となるボルガン県は、モンゴルの北部に位置しており、北辺はロシアと境を接する（図 2）。ハンガイ山脈とヘンティ山脈にはさまれた北部地域は、国内の年間総流量の 50% 以上を占めるモンゴル最大の河川であるセレンゲ川とその支流のオルホン川の流域にあたる。ボルガン県は、年間降雨量が 324㎜ほどと乾燥しているが、年によっては 500㎜に達することもあり、モンゴル全体でみれば比較的降雨に恵まれた地域である。さらに、この地域は、気温が相対的に高く、乾燥・寒冷なモンゴル高原にあってより湿潤で温暖な特徴をもつ。そのため、古くから匈奴、突厥、蒙古などとよばれる遊牧諸集団の揺籃の地となってきた（小長谷 1998）。

ボルガン県は、ウランバートルやダルハン、エルデネトといった主要都市と舗装道路で結ばれ、広域的にみれば首都圏にふくまれる。これらの都市は、社会主義下の都市・

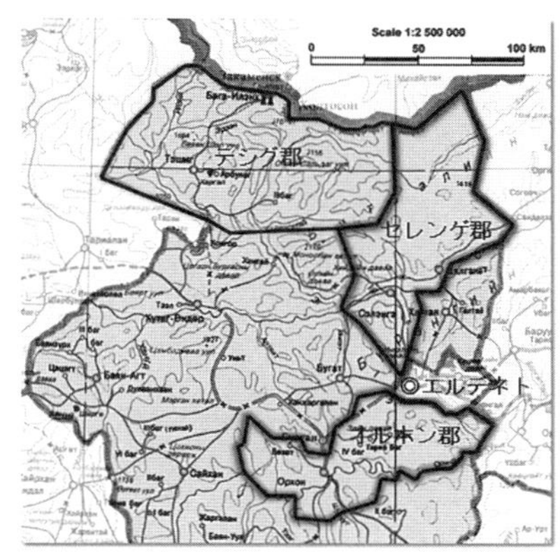

図２　調査地の位置

工業開発によって大いに発展し、ボルガン県は、都市部へ食品・工業原料を供給するために農地開拓や牧畜の産業化を推し進めた。現在でも、ボルガン県では、県内総生産の61.5％を農牧業生産が占めており、このうち小麦などの穀物生産は全国３位、家畜生産は全国６位の規模をほこる（ともに2016年）。他方で、ボルガン県は、都市に近いがゆえに、セレンゲ県やダルハン・オール県、ウランバートル市、トゥブ県などとともに、牧民の流入が多い地域であり、近年、牧民と家畜頭数の増加が著しい（鬼木 2013）。

主要都市へのアクセスが良く、かつ家畜を飼育することのできる都市近郊の草原は、従来研究でいうところの「都市周辺」にあたる。しかし、九州の約1.3倍もの広大な面積をもつボルガン県においては、かなりの地域差が認められる。そこで、市場経済化後の牧民の社会・経済状況にみられる差異や共通性について、ボルガン県の３地域（オルホン郡・セレンゲ郡・テシグ郡）の事例をもとに検討することにした。調査地の選定にあたってはまず、都市（市場）からの距離が対照的な地域を選んだ。ここでは、首都ウランバートルに次いで、総人口に対する転入人口の割合が高いエルデネトに隣接するオルホン郡およびセレンゲ郡と、エルデネトから遠いテシグ郡を事例とした。旧農牧業協同組合がおかれたオルホン郡およびテシグ郡とともに、旧国営農場がおかれたセレンゲ郡を調査対象に加えることで、社会主義時代の開発や実践がおよぼした影響についても検証可能となる。本論文のもととなるデータは、調査地のオルホン郡、セレンゲ郡、テシグ郡において、2010年から2017年にかけて断続的に実施した調査により収集したものである。ここでは、牧民や行政官への聞き取り、および実際の観察にもとづくデータと、国家統計局および各地域の行政機関が管理する統計データを組み合わせた分析を行った。続く章では、ボルガン県の人口および家畜頭数の全体像を把握する。

Ⅲ　牧畜経済の概観

1　人口すう勢

図3は、1990年から2016年までの27年間にわたるオルホン郡、セレンゲ郡、テシグ郡の人口すう勢を示したものである。セレンゲ郡とテシグ郡の人口は、1990年はともに3000人に満たない数であったが、27年後にはセレンゲ郡は3306人（年率0.18%の増加）、テシグ郡は3504人（年率0.35%の増加）に達している。これに対し、オルホン郡の人口は、1990年には6043人だったが、2016年には3584人とほぼ半減している。これにはやや特殊な事情がある。中ソ対立が激化するなか、1979年にソ連軍の駐屯地がおかれたオルホン郡では、1991年のソ連軍撤兵後、放棄された建造物や舗装道路を、専門学校や木材・食品加工施設などとして再利用し、多くの住民が暮らしていたが、経営が立ちゆかなくなり、人口流出が進んだ結果、現在ではほぼ無人地帯となっている（図4）。

図5は、家畜所有世帯数のすう勢を示したものである。これをみると、人口すう勢とは対照的に、遠方にあるテシグ郡では家畜所有世帯数が減少しており、一方、都市近郊にあるオルホン郡とセレンゲ郡では、2000年代半ば以降、家畜所有世帯数が増加傾向にあることがわかる。とくに牧民の増加は、オルホン郡において顕著であるが、これは他地域からの移住者を受け入れたことと関係している。オルホン郡では、1995年以降、ザブハン県やアルハンガイ県などからエルデネトに移住してきた牧民に、行政領域の一部を提供し、家畜の放牧を認めてきた（冨田2011）[12]。2013年には、これら移住者の多くがエルデネトからオルホン郡に住民登録をうつすこととなり、結果として、牧民と家畜の数が著しく増加した。ちなみに、同じくエルデネトに隣接するセレンゲ郡では、他地域から流入した牧民が、オルホン郡ほど大きな影響をおよぼしていない。社会主義時

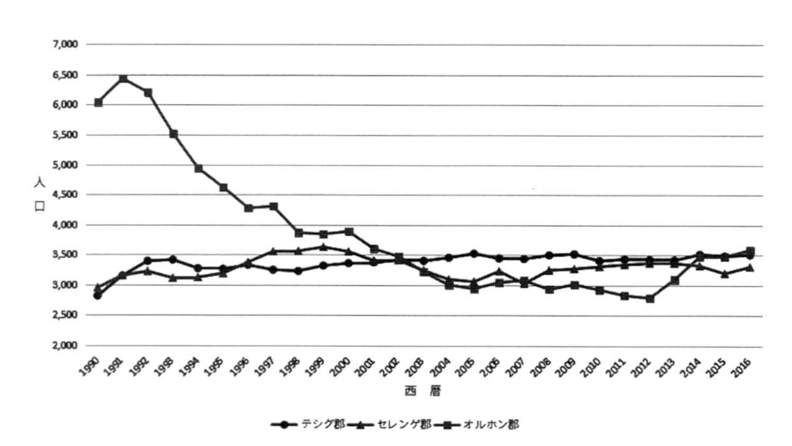

図3　ボルガン県三郡の人口すう勢（モンゴル国家統計局の資料により筆者作成）

図４　放棄された定住集落（2008年ボルガン県オルホン郡）

代には、小麦耕作を中心に行っていたセレンゲ郡では、放牧地が相対的に不足しており、家畜飼育を行ううえで必ずしも条件のよい場所とはいえないことが背景にあると考えられる。

図６は、人口の性比を示したものである。性比とは、女子人口100に対する男子人口の比である。この図からわかるように、オルホン郡では、1993年以降、男子人口が女子人口を上回るようになり、2015年には115に達するなど、ほかの２つの郡と大きく差がある。オルホン郡で性比が上昇傾向にあるもっとも大きな要因は、牧民世帯のうち、妻および子供だけが、エルデネトに住民登録をうつしたことである。就学年齢の子どもをもつ親にとって、都市で質の高い教育を

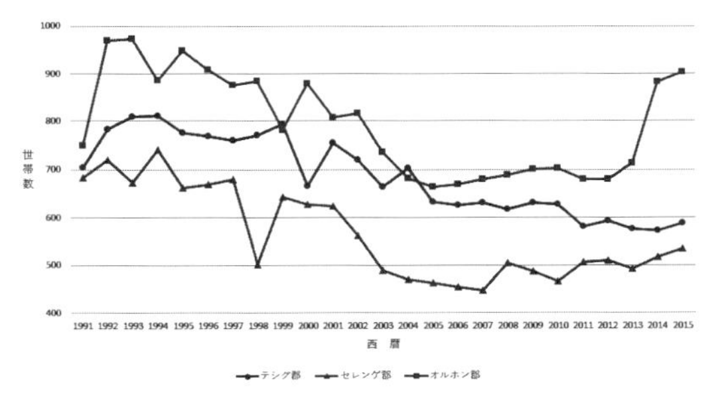

図５　ボルガン県三郡の家畜所有世帯数の推移
（モンゴル国家統計局の資料により筆者作成）

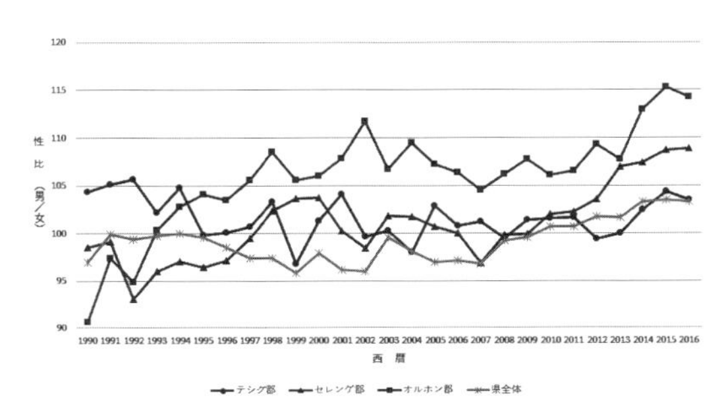

図６　ボルガン県三郡の性比の推移
（モンゴル国家統計局の資料により筆者作成）

受けさせることは、きわめて重要な問題である。公立学校に通わせるためには、当該地域の住民となる必要があり、それゆえ、妻子のみがエルデネトに住民登録をするケースが増えている[13]。またこのほかにも、牧夫として働く若い男性の増加が、こうした性比の上昇に影響をおよぼしている可能性も考慮しておく必要がある。

2　家畜頭数すう勢

では、家畜頭数にはどのような変化がみられるのであろうか。図7は、1970年から2016年の47年間にわたるオルホン郡、セレンゲ郡の家畜頭数のすう勢を示したものである。社会主義時代にあたる1970年から1991年にかけて、農牧業協同組合のもとで家畜飼育が行われたオルホン郡およびテシグ郡では、1970年代前半をピークに家畜頭数が減少ないしほぼ横ばいで推移した。こうした状況は、国営農場がおかれたセレンゲ郡においてもほとんど変わらず、牧民の減少や高齢化などにより牧畜生産が停滞していた様子がうかがわれる。

これに対し、1992年の市場経済化後は、いずれの郡でも家畜頭数が増加している。とくにオルホン郡における家畜頭数の増加が著しいが、これは上述した牧民の増加と結びついた動きであろう。一方、1999年から三年連続で発生した寒雪害と2009年の寒雪害の影響で、2000年から2003年にかけて、そして2010年に、家畜頭数が減少している。ただし、被害状況には地域差が認められる。1999〜2001年の寒雪害により、オルホン郡では30687頭（24.5%）、セレンゲ郡では13111頭（33.4%）も減少したが、テシグ郡では4070頭（7.4%）と被害が比較的軽微であった[14]。しかし逆に、テシグ郡では、2009年の寒雪害による影響がほかの二つの郡に比して長期間におよんでいる。寒雪害の被害が、家畜所有世帯の減少（離牧や他地域への移住）をもたらしたことが一因と考えられる。

その後、2010年（テシグ郡ではやや遅れて、2013年）以降、家畜頭数は再び増加に転じるが、回復のペースも地域によって若干の差がある。オルホン郡では、ヒツジ、ヤギ、ウシ、ウマといったすべての家畜種において大幅な増加がみられる。一方、セレンゲ郡やテシグ郡は、オルホン郡ほどには家畜頭数が伸びていない。ただし、畜種別にみるとやや状況が異なり、セレンゲ郡とテシグ郡では、小家畜の伸びが低調であるのに対して、ウシだけが1999年の水準を上回っている。国内全体でみた場合、どちらというと、増殖のペースが速く、商品化しやすい小家畜が増える傾向にあり（尾崎2017)、これらは特殊なケースであろう。その

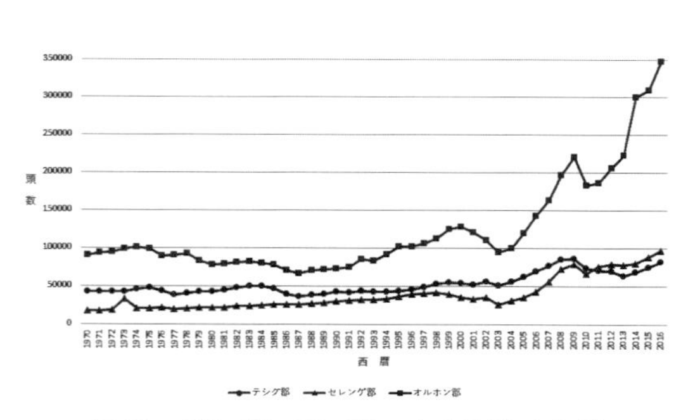

図7　ボルガン県三郡の家畜頭数すう勢
（モンゴル国家統計局の資料により筆者作成）

理由を、統計データからだけで判断することは困難であるが、これら2地域が社会主義時代にはウシの飼育に重点的に取り組んでいたことと無関係ではないはずだ。ウシ飼育をめぐる生態的知識や牧畜技術、災害対応のノウハウなどが受け継がれていたのかもしれず、今後さらなる検討が必要である。

以上、人口および家畜頭数の変化を概観することで、調査対象とした3地域のうち、オルホン郡では他地域からの移住者による影響をより強く受けてきたことがわかった。同じ都市近郊といえども、市場経済化後の人口・家畜頭数の変動（例えば、寒雪害による被害）にはかなりの地域差があり、そうした背景のひとつに、社会主義時代の開発や実践があることがわかった。では引き続いて、家畜および畜産物利用のあり方についてみていきたい。

Ⅳ　畜産物の生産および消費

1　家畜とその生産物

モンゴルでは古くから、ヒツジ、ヤギ、ウシ、ウマ、ラクダが飼育されてきた。これら家畜は、食料（肉や乳）として食べる以外にも、毛や革で移動式住居の覆いや衣服をつくったり、骨や角、糞を生活用具や燃料にするなどして余すことなく利用してきた。ただし、歴史的にみれば、モンゴル高原の遊牧民は、必ずしも自己充足的な生活を営んできたわけではなく、ユーラシアの農耕社会と密接な関係をもち、家畜や畜産物を輸出し、その代わりに農産物をはじめとしたさまざまな輸入品がもたらされた。そしてこのような商業的な性格が極大化したのが社会主義時代であったといわれる（Sneath1999）。

それでは、市場経済化後、モンゴルの人びとは、家畜および畜産物をどのように利用しているのだろうか。従来の研究では、家畜私有化により家畜の割り当てを受けた所有家畜頭数の少ない世帯が、家畜頭数を増やすために、出産による増加分以上の家畜を売ることを避けつつ、羊毛やカシミヤを売って現金を得るなど（尾崎 2003、稲村ほか 2001、Martin 2008）、畜産物取引を多角化することによって経営の安定化をはかっていることが指摘されてきた。一方、牛乳や乳製品は傷みやすいために、市場から遠い地域では販売が困難である。それゆえ、遠隔地では、乳製品はもっぱら自家消費や贈答品（尾崎 2004）、あるいはごくまれに行商人が訪れた際の日用品との交換物（風戸 1999）として利用されてきた。これに対し、都市の周辺地域では、市場が近いために、家畜（肉）や毛・皮革と同様に、乳製品を販売することが可能であり、畜産物取引を多角化するうえで重要な役割を果たしてきた。

そこで以下では、調査地における畜産物取引、具体的には、家畜（肉）および乳製品の生産・販売の特徴について検討を行う。ここで取り上げる資料は、オルホン郡第二行政区（2013年、2015～2016年）、セレンゲ郡第五行政区（2012～2014年）、テシグ郡第二行政区（2016年）の家畜基本台帳と、これら3地域において行った聞き取り調査にもとづくデータである。

2　家畜（肉）の生産・消費行動

まず確認しておきたいことは、オルホン郡、セレンゲ郡、テシグ郡のあいだで、各世帯が所有する家畜頭数にかなりの差がみられるということである。一世帯当たりの平均所有家畜頭数は多い方から順に、オルホン郡の317.2頭、テシグ郡の191.8頭、セレンゲ郡の96.5頭となり、オルホン郡とセレンゲ郡には三倍近い開きがある。図8は、オルホン郡第二行政区とセレンゲ郡第五行政区の全家畜所有世帯の2012年から2013年にかけての家畜消費頭数（自家消費した頭数と、個人または市場に売却した頭数の合計）を示したものである。この図から、年間に多数の家畜を消費する世帯が、オルホン郡においてより多いことがわかるが、これは一世帯当たりの家畜消費頭数が基本的にはそれぞれの世帯が所有する家畜頭数に比例するからだと推測する。

では、牧民世帯の家計における収支のバランス、すなわち家畜の再生産と家畜消費の関係はどうなっているのか。図9は、前述した期間中における年間の家畜収支（出産可能なメスの頭数から家畜消費頭数を引いたもの）を示したものである。図からは、彼らが基本的には自らが所有する家畜の頭数を減らさないように、自家消費および売却を行っていることがわかる。家畜の所有頭数が多ければ、自然増加分の消費・販売だけで経営を維持できるかもしれないが、経営規模が小さければ、再生産ラインぎりぎりで（あるいは超過して）家畜を消費せざるを得ない。つまり、家畜の所有頭数が多い世帯は一定の生活水準を保ちながら、同時に家畜群の拡大をはかることが可能だが、家畜頭数が少ない世帯が家畜群を拡大するためには消費支出を切り詰めるよりほかない。その結果、いずれの郡においても個人格差はますます拡大する傾向にある。

注意すべきは、こうした牧民たちのできるだけ家畜を売らないという方針が、移行当初にみられたような、売却可能な市場がありながら、食料として家畜を自

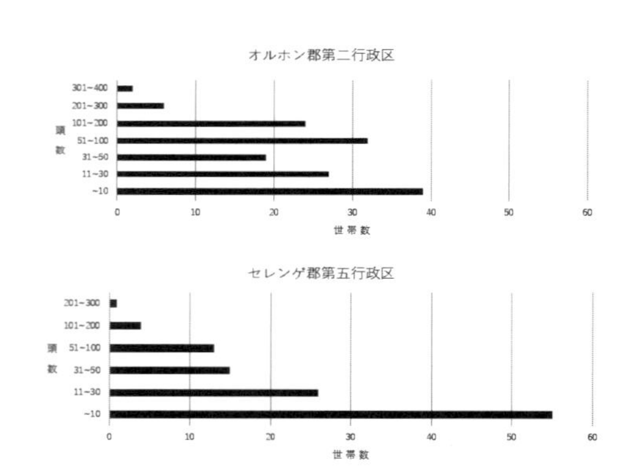

図8　世帯毎の家畜消費頭数（2012～2013年）
（家畜基本台帳により筆者作成）

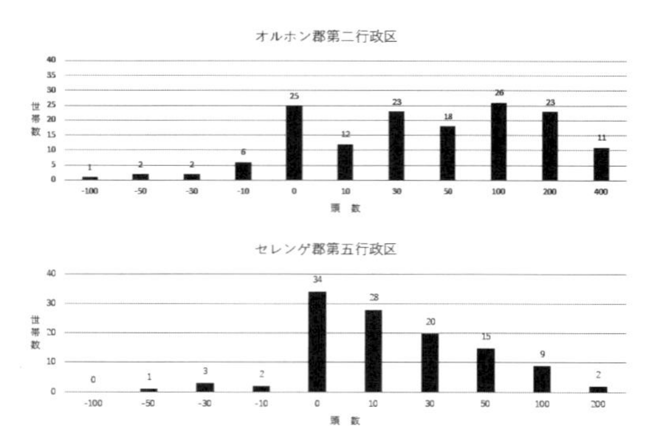

図9　世帯毎の収支分布（2012～2013年）
（家畜基本台帳により筆者作成）

給的に消費する状況（湊 2017）とは明らかに異なる、という点である。図 10 は、オルホン郡の年間の家畜消費頭数の内訳を示したものである。この図からは、彼らが 1 年に消費する家畜のうち、家庭内での消費よりも、個人または市場への販売が大きな割合を占めていることがわかる。すなわち、少なくとも都市周辺地域においては、個人や市場に販売することを前提として家畜が飼育されており、決して自給的であるとはいえない。一方、遠方のテシグ郡でも、家畜の販売がなされている。家畜収支に関する統計情報がないため、詳細な比較は困難であるが、筆者が行った聞き取り調査の結果からは、売却可能な市場がエルデネトなどから買い付けに来る仲買人や、郡中心地の住民などに限られることや、売却価格が都市に比べて安いことなどが、経済的に大きな負担となっていることがわかっている。

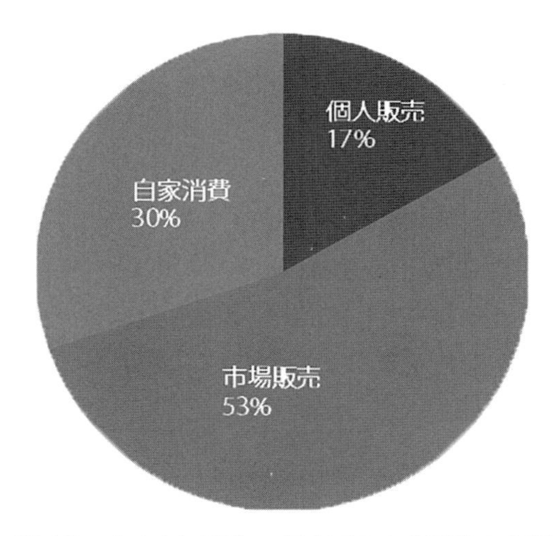

図 10　オルホン郡第二行政区の家畜消費の内訳
（家畜基本台帳により筆者作成）

3　乳製品の生産・消費行動

乳製品は、家畜（肉）と比べて一度の売却で得られる金額は少ない。しかし、家畜の売却が本来的に群れの規模を縮小するものであるのに対し、乳製品の売却は家畜の数を減らすことなく、現金を手にできるという利点がある。管見の限り、乳製品の生産・消費に関する世帯単位の統計情報は存在しないため、ここでは、オルホン郡、セレンゲ郡、テシグ郡で牧畜を営む世帯に対し行った聞き取り調査の結果をもとに、各地域における乳製品の生産・消費のあり方について検討する。

調査地では、ウシが主要な搾乳の対象となっている。ヒツジやヤギも搾乳されるが、頭数がそれほど多くないことや、搾乳のために母畜と子畜を分けて放牧するのが面倒だという理由で搾乳しない世帯が多い。搾乳期間は、草や気象の状況、個体の状態などによって変わる。ウシはほかの家畜種に比べて搾乳する期間が長く、6 月から 11 月、というのが平均的な搾乳期間である。もっとも泌乳量が多いのは、7 月から 9 月にかけての夏営地に滞在中の期間である。いずれの世帯も牛乳を自家消費、接客・贈答用に用いる。一方で、生乳あるいは乳製品を販売するかは、世帯によって異なる。調査の結果、オルホン郡では、牛乳を自家消費用、接客・贈答用にあてる世帯が多かったのに対し、セレンゲ郡やテシグ郡では、ほとんどの世帯が、生乳・乳製品の販売を行っていた。

セレンゲ郡では、搾乳が盛んな夏に、牛乳を保存性がよく、価格の高い乳製品に加工して売却している。主な売却先は、エルデネトの食品市場である。牧民たちは、数日から二週間に一度の頻度で、乳製品を商店経営者のもとに直接持ち込み、販売している。エルデネトまでは、自家用車（自動車・オートバイ）や乗り合いタクシーを使って輸送することが多い。

夏季に売却される主な乳製品は、牛乳から抽出したクリームと、残った脱脂乳を加熱・脱水してつくるチーズである。モンゴルでは、牛乳を大なべに入れて加熱脱脂し、クリーム（ウルム）を抽出する方法が一般的である。しかし近年、セレンゲ郡では、牛乳を手動の遠心分離器を使って、クリーム（ツツギー）を抽出する方法が急速に普及している。遠心分離機を用いた脱脂処理方法は、短時間に大量のクリームを抽出することが可能である。一方、炉や大鍋を用いたやり方だと、一度に加工できる量に限界があるだけでなく、成形や異物の除去などの手間がかかる。さらに、この地域では、脱脂乳からチーズをつくる際に、酸味を抑える目的で乳酸発酵の度合いを低くしたり、砂糖を添加するなど、市場に受け入れやすくするための独自の工夫がみられた。

同様に、テシグ郡でも、牛乳を乳製品に加工して販売していた。ただし、遠方にあるため、エルデネトでの販売は、年１回か数回程度にとどまる。それゆえ、この地域では、できるだけ一度にたくさんの乳製品を販売するために、乳製品の保存性を高めること（郡中心地にある冷蔵設備を利用、加工法や保存法の改良など）によって対処していた。

これに対して、オルホン郡では、生乳や馬乳酒を販売することはあるが、それ以外の乳製品を定期的に販売するということは少なくとも一般的ではない[15)]。これには、いくつかの要因が考えられる。第一に、オルホン郡では、セレンゲ郡に比べて一世帯当たりの家畜所有頭数が多く、自然増加分の消費・販売だけでも十分な収入を得ることが可能である。乳製品の加工・販売には、移動する時期や場所、労働力を確保しなければならないなどの制約があり、家畜の増産をはかるうえで負担となるために、これを避ける世帯が多い。第二に、セレンゲ郡に比べてオルホン郡の方が、夏営地からエルデネトの食品市場への距離が短く、アクセスが容易である。輸送コストを低く抑えられるため、オルホン郡の場合、牛乳や馬乳酒の販売だけでもある程度の収益が見込めるのであろう。

以上のことから、市場からの距離が、牧民の畜産物取引に大きな影響をおよぼしていることがわかる。それは従来いわれてきたように、都市に近い方が、家畜の販売価格が高い一方で市場からの物品の購入コストが安く、少ない家畜頭数でより多くの収益が見込める（尾崎 2013）からにほかならない。だが、ここで重要なことは、中心都市であるエルデネトの影響が広範囲に、具体的には数kmから十数km程度の郊外から、百km以上離れた遠方にまでおよんでいるということである。調査対象としたボルガン県の３地域の人びとはいずれもエルデネトと密接な関係をもち、市場からの距離とともに、各世帯が所有する家畜群の規模や構成ならびにそれを基礎づける土地や労働力の多寡を考慮しながら、地域独自のやり方で牧畜経営を再編してきたことがわかった。

Ⅴ　定住地における牧畜経営のあり方

1　変わりゆく草原と定住地の関係

これまでの検討は、都市・地方の中心地（非牧畜業従事者）と草原（牧畜業従事者）の関係を前提としたものであった。しかし、現実には、県や郡の中心地においても、家畜飼育を行っている人びとが相当数おり、これらを踏まえることなく、市場経済化後の牧畜経営について論じることは明らかに不十分であろう。

そもそも行政単位としての郡（ソム）は、役所や学校、病院などの都市機能を備えた定住地（トゥブ）と、その周囲に広がる広大な草原（フドゥ）からなる。こうした地域区分は、家畜および畜産物の生産を行う草原と、それらの加工・輸送の拠点となる定住地のあいだの分業を基礎とした農牧業協同組合や国営農場の設立に起源をもつものである。しかし、1990年代初頭にこれら集団的な農牧業生産の体制が崩壊し、草原と定住地という国内分業の枠組みは実質的な意味を失った。そして、こうした草原と定住地の分業を基礎とする生産関係の緩和・崩壊が、従来の枠組みから逸脱する定住地における牧畜経営を生み出す契機となったのである（図11）。以下では、ボルガン県オルホン郡およびセレンゲ郡の事例をもとに、定住地における牧畜経営の特徴を、草原との比較を通じて明らかにすることにしたい。

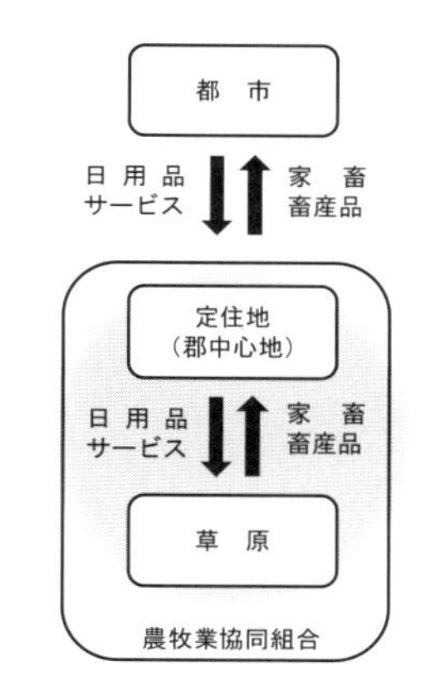

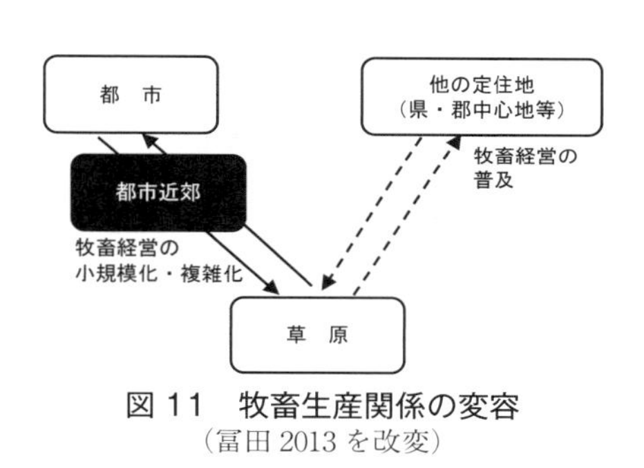

図11　牧畜生産関係の変容
（冨田 2013 を改変）

2　基本的な特徴—草原と定住地の比較から—

モンゴルの牧民は、四季の変化に応じて宿営地を移すことで、年・季節的な変動の大きい自然環境に適応してきた。都市周辺地域では、近年、牧民の移動性の低下が著しいが（Ⅱ章2項目を参照）、それでもほとんどの世帯が年に複数回、異なる宿営地のあいだを移動している。図12は、冬から春にかけて牧民が利用する宿営地の様子である。冬や春の宿営地は、防寒施設を伴うために、夏や秋の宿営地に比べて規模が大きい。草原では、ひとつの宿営地に複数の世帯が集まり、牧畜作業を協力して行うことがある。

これに対し、郡の中心地では、ほとんどの家族が単独で家畜飼育を行っている。図13は、一年を通じて牧民が利用する柵（ハシャー）で囲われた居住地の様子である。柵内には、

図 12　冬の宿営地（冨田 2010）

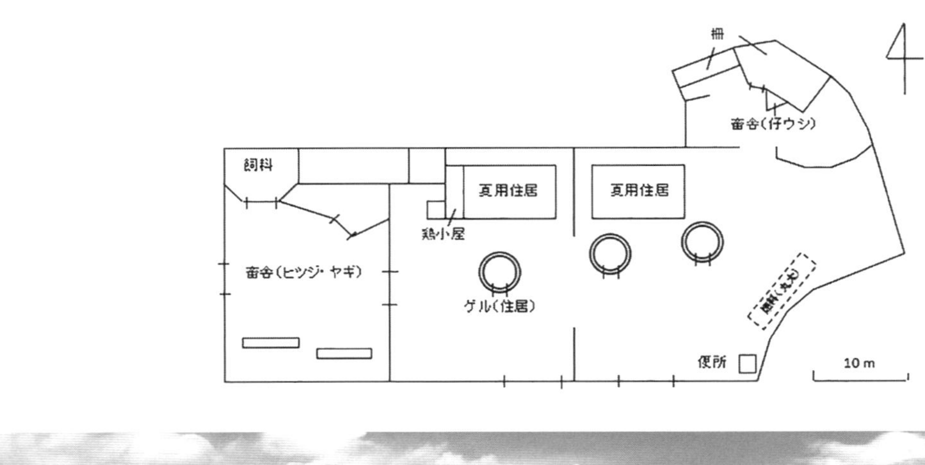

図 13　柵内に畜舎を併設した居住地（冨田 2010）

表1　家畜群の規模と構成（2013年）（家畜基本台帳により筆者作成）

草原地帯（オルホン郡第二行政区）

世帯数		一世帯当たりの平均所有頭数
総数	専業牧民	
161	139	229.6

ヒツジ	ヤギ	ウシ	ウマ	総数
14756 (82.0%)	8474 (83.5%)	5023 (97.8%)	3661 (90.6%)	31914

定住地（オルホン郡第五行政区）

世帯数		一世帯当たりの平均所有頭数
総数	専業牧民	
294	120	61.0

ヒツジ	ヤギ	ウシ	ウマ	総数
3591 (81.7%)	1955 (79.2%)	1162 (92.5%)	614 (63.3%)	7322

※（　）は、当該家畜種を所有している世帯の割合を示している。

住居のほかに畜舎が併設されており、越冬に必要な飼料が備蓄されている。しかし、家畜は舎飼いされるわけではない。牧草地として利用可能な土地は限られるが、基本的に家畜は居住地の周辺で放牧し採食させている。このように、定住地では、草原に比べて土地や労働力が限られるなど、家畜飼育を行っていくうえで制約があることがわかる。

定住地のこうした特徴は、彼らが所有する家畜群の規模や構成にも影響をおよぼしている。表1をみるとわかるように、定住地では、草原に比べて一世帯当たりの所有家畜頭数が大幅に少ない。さらに、各世帯が所有する家畜種の構成をめぐっては、草原では、多種類の家畜を併用しているのに対し、定住地では、放牧が困難なことを理由に、半数近くの世帯がウマを所有しておらず、所有していたとしても乗用にわずかな数が維持されるにとどまる。また、ヒツジやヤギ、ウシについても、上述した土地や労働力の不足を補うために、近隣の家族が協力して放牧を行ったり、外部に預託するなどして対処している。

3　牧畜経営にみられる差異と共通性

それほどまでして定住地で家畜を飼育する理由はいったい何なのか。定住地では、サービス業や年金など、家畜飼育以外の手段によって定期的に現金収入を得ている人がほとんどで、彼らは家畜や乳製品をもっぱら自家消費にあてていた。対照的に、草原においては、一部の年金受給者を除き、大部分の人が畜産物取引からのみ収入を得ている。草原では、家畜の消費をできるだけ抑えて、家畜の頭数を増やそうとしていたが、定住地では、そもそも家畜を増やすことにそれほど積極的ではない。それは、定住地での去勢オスの維持率（総頭数に占める去勢オスの割合）の低さにもあらわれている（表2）[16]。理由はいくつか考えられる。まず、定住地ではもともと各世帯が所有する家畜の頭数が少なく、余剰（去勢オス）が生じにくい。次に、定住地では、大規模な畜群を維持することが困難である。畜舎に収容できる家畜頭数には限りがあり、外部に預託すれば余分な支出が増え、逆に家計を圧迫することにもなりかねない。

このように、草原と定住地の牧畜経営には明らかな差異が認められる。ただし、注意すべきは、人びとはライフサイクルの変化に応じて、草原と定住地のあいだを行き来し

表２　去勢オスの維持率（2013年）（家畜基本台帳により筆者作成）

	世帯名	去勢ヒツジ	去勢ヤギ
草原地帯	BO	61 (29.0%)	65 (28.7%)
	KhB	24 (14.0 %)	45 (26.1%)
	BB	18 (36%)	10 (9%)
	BD	80 (24.5%)	50 (23.4%)
	KhD	70 (23.3%)	14 (10.1%)

	世帯名	去勢ヒツジ	去勢ヤギ
定住地	BTs	2 (4.2%)	0 (0%)
	G	5 (14.7%)	2 (8.3%)
	T	8 (14.7%)	13 (15.2%)
	TsZ	0 (0%)	0 (0%)
	NB	6 (11.1%)	0 (0%)

※（ ）は、当該家畜種の総頭数に占める去勢オスの割合を示している。

ており、一生のあいだに草原と定住地の双方での生活を経験する人も少なくないということである。少々古いデータではあるが、国家統計局が2002年に実施した調査によると、例えば、地方の中心地では人口の半数近くが失業状態にあり、こうした状況は、県の中心地よりも郡の中心地においてより深刻である（Coulombe & Otter 2009）。つまり、定住地で、あるいは定住地を出て草原で、家畜飼育を始めることが、自分たちの生活状況を改善するための手段となりうるのである。このことは、遠隔地から都市近郊へ移住することとはまた違った意味で、定住地から草原（あるいはその逆）への移住が、市場経済化後の牧畜経営の多様化をもたらした一因となったことを意味している。

Ⅵ　まとめ―牧畜経営の多様化とその諸要因―

1990年代初頭の市場経済化以降、モンゴルの首都と新興都市の周辺地域は、他地域からの移住者と地元住民の利害、そして地方行政や政府の思惑が複雑に交錯する場となっている。本論文では、広域的には首都圏にふくまれるボルガン県の３地域（オルホン郡・セレンゲ郡・テシグ郡）の事例をもとに、過去四半世紀にわたって牧畜経営がどのように再編されてきたのか、その実態と要因について検討を行ってきた。

まず、調査地の牧畜経済の概要を把握するために人口および家畜頭数を詳しく吟味した。現在、オルホン郡、セレンゲ郡、テシグ郡の人口規模は、3300～3600人ほどとそれほど変わらないが、家畜を所有している世帯の数は、中心都市のエルデネトから遠いのテシグ郡では減少傾向にあるのに対して、エルデネトに近いオルホン郡とセレンゲ郡では増加傾向にある。一方、家畜頭数は、ここ数年、いずれの郡でも増加しており、とくにオルホン郡で家畜頭数が急激に伸びている。その理由は、ザブハン県やアルハンガイ県などからエルデネトに移住してきた牧民を受け入れたことにあり、こうした状況は1990年代半ば時点ですでに生じていた。しかし、同じ都市の近郊にありながら、セレンゲ郡では、同様の現象はオルホン郡ほど顕著にはみられなかった。すなわち、遠隔地からの人口流入による影響は確かに大きいものの局所的であり、むしろさまざまな要因が複雑に関与することによって、人口・家畜頭数の変動が生じていたのであった。

次に、家畜および畜産物の利用状況を、家畜基本台帳から算出したデータとフィールドデータを組み合わせて検討した。いずれの地域でも、牧民たちが自らの所有する家畜頭数を減らさないように自家消費および売却を行っているという共通した特徴が見出された。オルホン郡の事例では、個人・市場への販売が、家庭内での消費を大きく上回っており、移行当初にみられたような、売却可能な市場がありながら、食料として家畜を自給的に消費する状況はすでに過去のものになっている。

一方、牧民たちのできるだけ家畜を売らないという方針を支えているのが、カシミヤや乳製品などの現金化可能な物品の存在である。都市近郊では、市場との物理的距離の近さゆえに、鮮度が重要な生乳や乳製品を販売することが可能であり、畜産物取引を多角化するうえで重要な役割を果たしている。ただし、興味深いのは、売却される乳製品の種類および製造工程、そして乳製品を販売する期間や頻度に地域的な差異がみられるという点である。例えば、エルデネトから遠い地域では、搾乳が盛んな夏に牛乳を保存性が良く、価格の高い乳製品に加工して売却することで、輸送コストの削減をはかるなど、より収益を得られるように、地域独自のやり方で牧畜経営の再編をはかってきた。

このように、都市周辺地域といえども、その社会・経済的な状況にはかなりの地域差がある。このような牧畜経営の多様化をもたらした要因は、いくつかあるだろうが、これまでの検討をもとに、以下の4つの点を指摘しておきたい。第一には、やはり市場からの距離である。調査対象とした3地域はいずれもエルデネトから日帰り圏内にある。ただし、もっとも遠方のテシグ郡は、ほかの2地域に比べて、取引先や流通経路が限られるため、畜産物取引はそれほど活発ではないが、一方で不利な状況を改善するための工夫もみられた。第二に、各世帯が所有する家畜群のサイズである。一般的に家畜の所有頭数が多ければ、自然増加分の消費･販売だけでも十分な収入を得ることができるが、所有頭数が少なければ、家畜そのものの消費・販売を抑えざるを得ないため、乳製品やその他の物品の販売により力を注ぐ傾向にある。第三に、土地や労働力の多寡といった基礎的な条件もまた、家畜群の規模や構成、家畜および畜産物の利用のあり方に影響をおよぼす。ここでは、これら土地・家畜・人という三つの生産要素の関係性（小長谷 2001）に、社会主義時代の開発や実践がかかわっていることを指摘した。なお、地域差というよりは、個人差にかかわるものであるが、第四に、牧畜以外の収入の有無や、就学年齢の子どもがいるかどうかなど、それぞれの家族の経済状況やライフステージが、家畜や畜産物の販売（学費や生活費の捻出）、居住地の選択（通学）などに影響していた。重要なことは、これらの諸要因が単独ではなく複合的に関与するなかで、牧民自身が最良な方法を選択してきたということである。前章で検討した、定住地における牧畜経営も、このような枠組みのなかで理解可能な現象であるといえよう。

最後に、今後の課題を述べる。まず、本論文では、市場経済化後の社会・経済的な変動が著しい都市周辺地域を取り上げたが、必ずしも市場からの距離だけが、牧畜経営のあり方を規定するものではない以上、遠隔地においても多様な経営戦略がとられているはずであろう。今回採用したローカルな人口・家畜統計とフィールドデータを組み合わせた手法は、遠隔地との比較分析にも適用可能である。次に、本論文では十分に検討できなかったが、社会主義時代（とくに集団化期）にも、人口および家畜頭数にかなりの地域差がみられた。モンゴルでは、牧畜の産業化が推進された20世紀半ば以降、家畜についての精密な統計記録が残されており、それらを人口統計学の手法を援用して精緻に分析することによって、社会主義下の近代化過程での家畜と人の関係の変化を読み解いていくことができるはずだ。

付記

本論文は、科学研究費補助金若手研究（B）「近現代モンゴルにおける人間＝環境関係の変容に関する研究」（代表：冨田敬大）の成果の一部をなすものである。

注

1) 本論文では、社会主義時代のモンゴル人民共和国と民主化後のモンゴル国を合わせてモンゴルと略す。
2) 2017年末の家畜の総頭数はさらに6621万8959頭まで増加している。
3) 中央ユーラシアの牧畜社会では、ヒツジ、ヤギ、ウシ、ウマ、ラクダ、トナカイなど、草食性で群れをつくる性質をもつ群居性有蹄類が、その他の家畜動物と明確に区別されている。牧民たちは、各地域の自然環境に応じて複数種の動物を併用することで、年・季節的な環境変化によるリスク回避をはかってきた。
4) 松原正毅は、1990年代のモンゴルにおける都市から地方への人口移動、牧民の増加といった一連の動きを、「再遊牧化」と評している（松原 2004）。
5) 家畜頭数の計測は、かつては8・9月に実施されていたが、1961年からは毎年12月に行われるようになった。ちなみに1961年は、現在の地方行政の基本単位である郡（ソム）および行政区（バグ）の領域がほぼ確定した時期と重なる。それゆえ、これらのデータを用いることによって、人口・家畜頭数の過去半世紀以上におよぶ経時的変化の推計が可能となる。
6) 調査結果は、2000年代までは紙の冊子に記録されてきたが、最近はコンピューターを使ってExcelファイルなどにまとめられている。
7) モンゴルでは、1950年代後半の農牧業の集団化によって、ソ連のコルホーズに相当する農牧業協同組合（ネグデル）と、ソフホーズに相当する国営農場（サンギーン・アジ・アホイ）がつくられた。モンゴルの場合、農牧業協同組合は牧畜、国営農場は農業や畜産を担当するものとして、大まかに区別することができる。
8) 1998年のピーク時には農牧業従事者（ほとんどが牧畜業に従事）が全就業人口の48.7%を占めた。
9) モンゴルでは、1974年を最後に1999年まで確認されていなかった口蹄疫が2000年以降頻発している（最近では2012年に発生）。背景として、1990年以降、家畜の医療サービスが有料化された結果、家畜疾病の防疫体制が弱体化し、家畜の衛生状態が悪化している。
10) ほかにも収入を増やすために、増殖のペースが速く経済的利益の大きい小家畜、特にヤギを増やすことによって対処した。ヤギからとれるカシミヤは価格が高く、1頭あたりの収入は羊毛をはるかに上回る。
11) なおトゥブ県は転入人口の割合も全国で8位と高く、人口の流動性が高いことが指摘されている（鬼木 2013）。
12) オルホン郡の第二行政区では、1995年に行政領域のおよそ半分に相当する東側の土地の使用を、エルデネトに住民登録をもつ牧民に認めた。詳細は不明だが、同じくエルデネトに隣接するボガト郡や、ハンガル郡、セレンゲ郡などでも、エルデネトに移住してきた牧民の受入れが行われた。
13) オルホン郡の場合、夫妻は草原で家畜飼育に従事し、子供たちを親戚や知人に預けるケースが多い。
14) ボルガン県全体では、1999年に比べて501379頭（31.2%）が減少した。県内でも、オルホン郡やセレンゲ郡のように甚大な被害が出た郡が多かったと考えられる。

15) 就学年齢の子どもがいる若い世帯や、所有家畜頭数が少ない世帯などは、より多くの現金を得るための手段として、牛乳や馬乳酒を販売しているが、全体としてはそれほど多くない。
16) 小長谷は、生計維持のためのメスのほかに、去勢オスという商品化可能な家畜を売却せずに大量に手元に維持してきたことが、「去勢オス維持型（castrated male keeping）」というべきモンゴル牧畜システムの特徴であると指摘している（小長谷 2007）。

参考文献

稲村哲也・古川　彰・結城史隆・渡辺道斉・O・スフバートル　2001「市場経済化過程におけるゴビ地方遊牧社会の現状と社会・経済変動」『リトルワールド研究報告』17：127-139。
尾崎孝宏　2003「遊牧民の牧畜経営の実態―モンゴル国南東部の事例より」『科学』73（5）：589-593。
尾崎孝宏　2004「南北モンゴルの間―内モンゴルとモンゴル国の生業論的比較」『中国21』19：81-107。
尾崎孝宏　2013「自然環境利用としての土地制度に起因する牧畜戦略の多様性」『砂漠研究』23（3）：111-118。
尾崎孝宏　2017「経済―モンゴルの牧畜から考える」『東アジアで学ぶ文化人類学』上水流久彦・太田心平・尾崎孝宏・川口幸大編、pp.205-221、昭和堂。
鬼木俊次　2013「都市周辺地域への遊牧民の移住」『モンゴル―草原生態系ネットワークの崩壊と再生』藤田昇・加藤聡史・草野栄一・幸田良平編著、pp.416-435、京都大学学術出版会。
風戸真理　1999「遊牧民と自然と家族―遊動と家畜管理」『モンゴルの家族とコミュニティ開発』島崎美代子・長沢孝司編、pp.21-50、日本経済評論社。
鯉渕信一　1995「モンゴル」『アジア動向年報 1995 年版』pp.113-130。
小宮山博　2016「モンゴル国農牧業の最近の動向」『日本とモンゴル』50（2）：1-9。
小長谷有紀　1998「地図で読むモンゴル」『季刊民族学』22（3）：34-39。
小長谷有紀　2001「中国内蒙古自治区におけるモンゴル族の牧畜経営の多様化―牧地配分後の経営戦略」『国立民族学博物館調査報告』20：15-43。
小長谷有紀　2007「モンゴル牧畜システムの特徴と変容」『E-journal GEO』2（1）：34-42。
冨田敬大　2010「家畜とともに生きる―現代モンゴルの地方社会における牧畜経営」『生存学』2：207-221。
冨田敬大　2011『モンゴル牧畜社会の土地利用と社会変化―ポスト社会主義期の土地･家畜･人の関係』立命館大学。
冨田敬大　2013「モンゴル牧畜社会における二つの近代化」『体制の歴史』天田城介・角崎洋平・櫻井悟史編著、pp.540-590、洛北出版。
冨田敬大　2014「牧畜開発の動向―進む政策転換と集約的牧畜の動向」小長谷有紀･前川　愛編著『現代モンゴルを知るための 50 章』pp.53-57、明石書店。
冨田敬大　2017「モンゴルにおける人と自然のかかわり―遊牧民による環境利用の近現代的変容」『環太平洋文明研究』1：47-68。
前川　愛　2014「民主化後の大移動」『現代モンゴルを知るための 50 章』小長谷有紀・前川　愛編著、pp.74-79、明石書店。
松原正毅　2004『遊牧の世界―トルコ系遊牧民ユルックの民族誌から』平凡社。
湊　邦生　2017『遊牧の経済学―モンゴル国遊牧地域に見るもうひとつの「農村部門」』晃洋書房。
Coulombe, Harold and Otter, Thomas　2009　Mongolian Census-based Poverty Map：Region, Aimag and Soum Level Results. United Nations Development Programme.
Martin, Andrei　2008　Between Cash Cows and Golden Calves：Adaptation of Mongolian Pastoralism in the ‘Age of Market’. Nomadic Peoples 12（2）：75-101.
Sneath, David　1999　Spatial Mobility and Inner Asian Pastoralism. The End of Nomadism?, C. Humphrey and D. Sneath（eds）, pp.218-277, Durham：Duke University Press.

Changing Strategies of Pastoral Management in the Suburban Areas of Mongolia

—An Analysis of Population and Number of Livestock between 1991 to 2016—

TOMITA Takahiro[1]

Abstract：It is important to grasp how the livestock industry is changing in Mongolia, not only because the country's social and economic development is highly dependent on the livestock industry but also for solving environmental problems such as overgrazing, drought, and dzud. Previous studies indicated that the economic disparity between individuals and regions has gradually widened after the transition to a market economy that accompanied the collapse of the socialist regime. The purpose of this study is to reveal the characteristics and transformation of pastoral management in the suburban areas of Mongolia based on the case studies of three districts in Bulgan province, which are broadly included in the capital area. In this study, I adopted a method of analyzing both statistical data at the local level and field data derived from interviews and observations in the research areas. The impact of influx of herders from remote areas on social and economic conditions of the suburban areas is tremendous, as suggested by former researchers, but it is limited to a small area. Changes in population and number of livestock for the past 25 years have resulted from a combination of multiple factors as follows. Herders exhibit the common behaviors of reducing self-consumption and reducing animal off-take in the commercial market to increase their herd sizes. However, such behavior is obviously different from their earlier behavior of using livestock products mainly for household consumption just after the transition. Moreover, there are regional differences in the use and trade of livestock products even in suburban areas. Major factors promoting diversification among pastoral management include not only distance from the market, as has often been pointed out, but also the size and formation of livestock per household, as well as access to land and labor resources, which is fundamental to livestock raising. Furthermore, development policy and practices in the socialist era affected the relationships among the three factors of production（land, livestock, and herders）.

Keywords：pastoralism, population and livestock statistics, transition to a market economy, suburban areas, Mongolia

1：Ritsumeikan Global Innovation Research Organization, Ritsumeikan University

環太平洋文明研究　第2号　pp.39-58, 2018年3月
Ritsumeikan Pan-Pacific Civilization Studies Vol.2

縄文時代の人口を推定する新たな方法
—東北地方北部を対象とした試み—

中　村　大[1]

要旨　本稿では、縄文時代のある時点における人口規模すなわち人口静態を推定するための新たな手法を提案する。まず方法論的理解を深めるために、縄文時代から江戸時代までの各時代の人口推定研究について、計算方法に着目した研究史の整理を行った。その結果、間接的人口データによる推定研究のほとんどが、筆者が乗算法と名付けた計算法を基本としており、計算式はP=D×R+Cと定式化できることを見い出した(Pは人口、Dはデータ、RはDの1単位に対応する人数、Cは補正項)。それとともに、総量・総数の推定と時間幅の調整という考古資料に特有の問題も明らかになった。そこで、総量・総数を推定するため発見率(F)と使用するデータセット間の時間幅の長短を調整する係数(T)を組み込んだ新たな人口推計の計算式を考案し、事例分析として青森県八戸市域の縄文時代人口の試算を行った。その結果、縄文時代前期から晩期まで、人口は増加と減少を繰り返していることがわかり、大局的にみると3つの大きな増減期(波)があることも明らかになった。最も人口が多くなるのは縄文後期前葉の十腰内1a式・1b式期で、人口2195人、人口密度7.2人という推定結果を得た。

キーワード：縄文時代、平安時代、人口推定、P=D×R+C、発見率

Ⅰ　はじめに

文化を理解するために人口は重要な情報である。人口の増加、減少、停滞は、「経済、社会、自然環境と相互に密接に関係する」(阿藤1994［見田・栗原・田中編］：483) ためである。谷口康浩は、縄文時代中期に生じた環状集落の発達や地域社会の分節化の要因として人口密度の増加を挙げている (谷口2016：108-109)。

縄文時代研究では、山内清男、芹沢長介、小山修三らの研究 (Koyama 1978、小山1984、山内1964・1969、芹沢1968) 以降、日本列島規模での人口推定は行われず、小山の人口推計は40年近く更新されていない。その後は、関東地方南部の縄文時代中期の人口静態研究 (小林2004) を除けば、住居跡数の時間的変化をもとに人口動態を推定する研究が増えている (例えば、今村1997、瀬口2008、関根2014、羽生2015・2016、矢野2004・2016)。炭素14年代値を利用する積算確率法 (SPD法) も変動を推定する統計手法である (Crema 2012、Crema *et al.* 2016)。しかし、もう一歩踏み込んで人口数 (静態)

1：立命館大学 立命館グローバル・イノベーション研究機構

を推定できれば、いわゆる大規模集落の性格や集団墓地の運営主体についてより具体的に考察できるようになり、増加率、出生・死亡率、年齢構成あるいは人口移動などにも言及できる。また、生態学、人類学、栄養学などの視点からシミュレーション分析も可能となろう。小泉清隆が指摘したように、人口の静態と動態はセットで追求されるべきである（小泉 1985：215）。本稿では、多くの地域で整備が可能と思われる土器型式別の住居跡数にもとづいて人口数を推定する計算方法を提案し、青森県八戸市域のデータで試算を行う。

Ⅱ　過去の人口を推定するためにどのような方法があるか

1　２種類のデータと２つの推計方法

人口規模の変化は遺跡数や住居跡数の増減にある程度反映されるということに異論をはさむ余地は少ない（矢野 2016：11）。しかし、人口数については、住居の継続期間や規模の違い、季節的移動など多くの変数をいかに推定に反映させるか、という難問がある。正確な人口数の計算は不可能であり、人口変動を高精度で捉えていくべきとする今村啓爾の指摘（今村 2008）に頷く研究者も多いだろう。方法論に関する議論の少なさも、研究者を人口推定から遠ざけてきたもう一つの要因であるように思う。小山は、自身の人口推計は変動や地方差の概要を示すものであり、細かな時期単位による精密な地域人口研究の必要性をすでに指摘していた（小山 1984：38）。小山推計に疑問を感じた研究者は少なくなかったが、方法論的な議論は低調であった。これまでの縄文時代における人口推計手法の特徴と課題を整理し、新たな推計方法を考案するためには、歴史人口学による広い時代の人口静態研究を方法論的観点から検討することが必要である。

人口推計に用いるデータは２種類ある。一つは、戸籍や人口調査（センサス）などの「直接的人口データ」、もう一つは都市などの部分的な人口や、租税（出稲・人頭税など）、兵力、農地（面積・生産量など）といった「間接的人口データ」である（林 2007：16）。縄文時代の人口推計は、遺跡数・住居跡数という考古学的な間接的人口データを用いて人口静態を求める研究である。

計算方法と各項目に必要な条件を整理する定式化は、方法論的理解を深め新たな推計方法の開発につながる重要な作業である。人口推計の方法には、主に直接的人口データに用いる「加算法」と、間接的人口データに用いる「乗算法」の２種類がある。加算法は、直接的人口データ群を足し上げることで総人口を求める、最も精度が高い方法である。この方法による日本列島規模の人口静態推計が可能なのは、現代から 18 世紀前半の江戸時代中期までである（鬼頭 2007・2013）。地域的な直接的人口データは奈良時代まで遡る。籍帳の断簡や遺跡から出土する漆紙文書などがある。『魏志倭人伝』から弥生後期（3 世紀前半）の人口を推定する方法も紹介されているが（鬼頭 2013：52）、間接的人口データによる推定法に近い。日本列島の人類史を約4万年とすれば、99%の時代は間接的人口データを用いた「乗算法」による人口推計となる。

2　乗算法：先行研究の計算式と各項の必要条件

農地の面積や住居跡数など、間接的な人口データは人口数を直接示すものではないため、人口（Population）は、間接的人口データ（Data）に「データ1単位あたりの人数」（Ratio）を掛け合わせ、それに補正値（Correctionvalue）を加えて求める。掛け算を行うので「乗算法」と呼ぶことにする。基本の計算式は下記のとおりになる。

P（人口）＝D（データ）×R（Dの1単位に対応する人数）＋C（補正項）

推定人口(P)は、基本的には間接的人口データ(D)と1人あたりの数量(R)の積であり、補正項（C）で欠落する部分を補う。R値の「Dの単位に対応する人数」は、「1人あたりのDの数量」とされ割り算（除算）で計算されることも多いが、定式化を図るため掛け算に統一する。また、補正が不要な場合、Cは省略される。各先行研究に即して計算式を書き出せば以下のとおりになる。各項の具体的内容は表1にまとめている。鬼頭宏は、室町時代の状況などを考慮して速水推計を上方修正し、1400万〜1500万人と見積もる（鬼頭2013：84)。澤田推計については、鎌田元一により奈良時代末から平安時代初期の人口である可能性が指摘され（鎌田2001)、現在はそれが一般的な理解である（鬼頭2007・2013、熊田2004)。なお、奈良・平安時代の人口推計には、国家の支配が及ばない北海道、東北北半、琉球の人口は含まれていない。

①吉田東伍および②速水融による推計：17世紀初頭
P（人口）＝D（総石高）×R（1石あたり人数）

③鬼頭宏による推計：10世紀前半
P＝D（総田地面積）×R（1反あたり人数）＋C（6歳未満・平安京の人口）

④ William W. Farrisによる推計：10世紀前半
P＝{D（総田地面積）×S（耕作地率)}×R（1反人数）＋C（6歳未満・平安京・他生業の人口）
（Farrisの鎌倉時代（1280年頃）の人口推計の計算式も基本は同じである）

⑤澤田吾一による推計：9世紀初頭
P＝D（総出挙稲束数）×R（千束あたり課丁数）＋C（年少・老年・平城京・賎民人口）

表１　日本列島の人口推計における各項目の内容

推計名	D：総量データ	R:Dに対応する人数	C：補正項	推計人口
①吉田推計 (17世紀初頭)	総石高	1石あたり人数	なし	1,800万人
	1,800万石	1人		
②速水推計 (17世紀初頭)	総石高	1石あたり人数	脱漏人口	1,200万 ±200万人
	1,800万石	0.6～0.7人	200万人程度	
③鬼頭推計 (10世紀前半)	総田地面積 『和名類聚抄』	1反あたり人数	C1:6歳未満人口 C2:平安京人口	644万人
	862,000町歩	0.625人	C1=16%、C2=12万人	
④Farris 推計 (10世紀前半)	総田地面積 『和名類聚抄』	1反あたり人数	C1:6歳未満人口 C2:平安京人口 C3:非水稲農業人口	500万人
	862,000町歩	0.461人	C1=16%、C2=15万人、 C3=40%	
⑤澤田推計 (9世紀初頭)	総出挙稲束数 『弘仁式』(一部を 『延喜式』で補完)	1000束あたり課丁 (16～65歳)数	C1:年少・老年人口 C2:平城京人口 C3:脱漏人口	600～ 700万人
	36,213,200束	27.07人	C1=18.7%、C2=20万人 C3=40～140万人	
⑥鎌田推計 (9世紀初頭)	総郷数 『和名類聚抄』	1郷の良民人口	C1:賤民人口 C2:平城京人口 C3:脱漏人口	500万人
	4,041郷	1,052人	C1=4.4% C2=74,000人 C3=50万人	
⑦山内推計 (縄文時代)	日本列島面積	カリフォルニア先住民の人口規模	なし	30万人
⑧芹沢推計 (縄文時代)	日本列島面積	19世紀の北海道アイヌの人口密度	なし	12万人
⑨小林推計 (縄文中期、 関東南部)	集落数	1集落あたり人数 (1軒5人として)	なし	9a期785 12b期1,990 13a期245
	大規模集落数 中規模集落数 小規模集落数	大集落は20軒100人 中集落を10軒50人 小集落を3軒15人		
⑩小山推計 (縄文早期 ～晩期)	大別時期、地方別の遺跡数	1遺跡あたり人数	α：土師期の遺跡規模を1としたときの規模比率	早期20,100 前期105,500 中期261,300 後期160,300 晩期75,800
	早2,530、前4,399 中10,893、後6,672 晩3,159	170人	弥生時代=1/3 縄文前期～晩期=1/7 縄文早期=1/20	

⑥鎌田元一による推計：9世紀初頭
　P＝D（総郷数）×R（1郷の良民人口）＋C（平城京・賎民の人口）

Dと Rの数値に求められる条件は、縄文時代の人口推定式にも要求される基本条件である。第一に、D値には人口規模と関連性のある項目で、総量・総数あるいはその推定値を採用している。江戸時代の総石高、平安時代の総田地面積（1町歩≒1ha）、奈良時代の総出挙稲束数、総郷数がそれであり、大幅な変更が見込まれない安定した数量データである。平安時代の田地面積のように必要に応じ補正を加えることもある。耕作地率は、休耕田や荒れ地で安定利用されていなかった耕地を除外するための補正である。

第二に、ある時点における人口規模、すなわち人口静態を求めるという目的からすれば、Dはできる限り短い時間幅のデータであることが望ましい。太閤検地（1582～1598年）による田地面積、10世紀前半ごろとされる和名類聚抄の田地面積などは数十年程度の時間幅を有するデータといえる。澤田集計では弘仁年間（820年成立）と天平寶字年間（760年頃）の資料を用いる。数十年幅程度までに収めておくのがよいだろう。

第三に、R値の求め方には2種類ある。一つは、2種類のデータ間の比率でR値を設定する方法で、両方とも総量データでなければならない。速水推計では「小倉藩の総石高÷総人口」で、澤田推計では「陸奥国の出挙総稲束数÷総課丁数」で計算する。第二に、D値とは別の史資料やほかの研究分野の成果にもとづき設定する方法である。1人あたりの反数について、鬼頭は班田収授制から、吉田やFarrisは栄養学的な視点から設定した。鎌田は1郷の人口を現存する籍帳から決定した。

また、R値は研究者間で意見が異なる場合があり、推定値の違いを生む。17世紀初頭に関する研究では、吉田はD値の石高を収穫量とみなし、1石（約150kg）を1人が1年に食べるコメの量と仮定したようだが（速水2001：66-67、鬼頭2013：88)、速水は土地の評価額とし、九州小倉藩の史料分析から1石に対応する人数は0.6～0.7人とした。10世紀前半の研究では、鬼頭は班田収授制の規定（男2反、女1.2反）をもとに男女平均1.6反とする（鬼頭2013：57)。Farrisは当時の収量からみて2.17反が必要とした（Farris 2009：22)。表1では1反に対応する人数に換算している。

なお、C値は必要に応じて導入されている。鬼頭推計とFarris推計では、D×Rで班給を受ける6歳以上を求めることになるためCで6歳未満人口を補い、さらに平安京人口を加える。さらにFarrisは、非水稲農業人口の比率を40%として追加する。澤田推計では年少・老年や平城京の人口を加えた。鎌田は平城京人口と賎民人口を加える。

なお、人口増加率をもとに逆算し、古い時期の人口を推定する方法があるが（速水1973、藤野1973)、縄文時代には適用が難しく今回は取り上げない。

Ⅲ　縄文時代の人口推定ではどのような点に注意すべきか

1　先行研究の計算方法

山内清男は面積が近いカリフォルニア先住民人口を参考にした。日本列島全体で約30万人、畿内以西を3～5万、中部・関東・東北・北海道は各3万から5万人程度と見積もる（山内1964・1969）。芹沢長介は19世紀の北海道アイヌの人口密度を日本列島の面積に当てはめ、12万人程度と推定した（芹沢1968）。塚田松雄は、縄文時代の初期人口を1200人、増加率を年率で0.085～0.077%として人口曲線を描いた（塚田1974）。ある時点での人口は計算可能になるが、縄文時代の人口変化が約1万年間ずっと同じペースで増加するという仮定は実態にそぐわない。

小林謙一は、関東地方南部に位置する武蔵野台地の縄文時代中期の人口を推定している。炭素14年代を利用して構築した土器編年を時間の目盛りとして約20～80年幅で竪穴建物や集落の時期を決定し、人口の静態と動態を推定した（小林2004）。小林の計算式は複数の乗算法を連結した形式になる。

⑧小林推計：

P＝D1（大規模集落数）×R1（1集落人数）＋D2（中規模集落数）×R2（1集落人数）
＋D3（小規模集落）×R3（1集落人数）

縄文中期中葉の約5000年前から500年近くかけて人口が約800人から2000人まで増加し（年率0.5%の人口増加）、中期末の約4400年前には100年程度で約250人まで急減する人口曲線を描き出した（小林2004：208-209）。この研究は、縄文時代の人口研究の進むべき道を示しているが、悉皆的な調査成果と暦年代を伴う詳細な土器編年の整備が必要であり、ほかの地域では実施が難しいところが悩ましい。

小山推計（Koyama 1978、小山1984）の推計人口は広く知られ数多くの書籍などで紹介されている。計算法は乗算法だが、人口を求める時代に応じてR値をα項(時期別比例定数）で補正してD値に掛けあわせている。計算式は次のようになる[1)]。

⑨小山推計：

P（人口）＝D（遺跡数）×｛R（土師期1遺跡人数）×α（時期別比例定数)｝

R値は、澤田の研究から関東地方の人口数を計算し、同地方の土師期（古墳時代～古代）の遺跡数で除し、土師期の1遺跡あたりの人口数を170人と置く。α項はR値を時代別に補正する係数で、ほかの推計にはない小山推計の独自色である。土師期の遺跡規模を1とした場合の他時代の規模比率を、関東地方で全面発掘された弥生・縄文の遺跡規模と比較して算出された。縄文時代人口の過大評価を防ぐ補正値となる。

2 考古資料による人口推計で留意すべき事項

定式化による整理から、考古資料をD値やR値として用いるときの3つの注意点が明らかになる。第一に、D値として用いるときは、総量・総数に近似させる何らかの補正が必要不可欠である。考古資料では総量データの取得はほぼ不可能で必ず未発見分を含む（総量・総数の問題）。補正しないで人口推定に使うと過小な推定になる。船木義勝は人口推定のデータに竪穴建物数を用いるのは適切でないと指摘したが（北東北古代集落遺跡研究会編 2014：290-298）、それはこうした原因によると考えられる。小山推計で用いた遺跡数は、ある時点の発見数であり、本来存在した全ての遺跡数ではない。調査の進展によりD値の遺跡数データは大幅に増加した。D値が変わると推計結果も変わる。2017年の東北地方の古代遺跡数に170人を乗じると約205万人、澤田推計（表2）に比べ明らかに過大になる。

第二に、Dの時間幅をできるだけ短くすることである。列島規模で推定を試みるなら、土器型式単位（100～数百年程度）でデータ整備をすることが現実的と思われる。古代では北東北の竪穴建物跡集成のように四半世紀（25年）程度で設定できる例もある。100～200年幅程度で推定できれば、それを均等に割り短期の人口数の目安を得るのはよいだろう。ただし数十年程度の変動をいったん考慮の外に置くことなる。

第三にR値の安定性と時間幅に対する配慮である。小山推計の「人口÷遺跡数」は、遺跡数が総量データでないためR値が大きく変動する。例えば、澤田の陸奥国人口を2017年の遺跡数で除した1遺跡人数は34.2人[2]で、小山が用いた170人のほぼ5分の1になり、R値としては適切ではない。ドイツの歴史学者アーベルは人口が変動している時期に1遺跡あたり何人という仮定の適用は困難であることを指摘する（アーベル 1986：42）。また、数十年幅の古代の推定人口を約1000年幅の古代の遺跡数で除し1遺跡あたりの人数を得る方法は、時間幅の大きな違いを考慮していない点で問題がある。

一方、小山の総量データにもとづくより信頼性のある人口推計と考古資料との接点を求めようとした発想は、考古資料の宿命ともいえる総量・総数の課題の解決を試みたものと評価できる。ただし、小山はそこから比率関係を求めて定数を得ようとしたが、今回の推計では考古資料の網羅性の程度（発見率）を推定し、資料の総数を推定する手がかりを得たところに大きな違いがある。

Ⅳ 縄文時代の人口を推定する新たな計算方法をつくる

1 計算式と手順

筆者が今回提案する縄文時代の人口推定計算式は下記のとおりである。

P（人口）＝｛D（竪穴建物跡数）×（1÷F（発見率））×T（時間幅調整係数）｝
×R（1軒の居住人数）

P＝D×Rを基本とし、D値の補正に古代の分析から得た発見率を利用する。ケーススタディは、青森県南東部に位置する八戸市域を対象として実施する。D値として竪穴建物数[3]を選んだ理由は3つある。第一に、人口規模を反映するデータ項目として適切である。縄文時代のみならず10世紀前半も東北北部では竪穴建物が住居として使用されることが圧倒的に多い（井出2004:119）。ただし、縄文晩期に平地式住居が増える（永嶋2013:22）など、時期・地域により建物形式を考慮すべき場合はある。第二に、総量データへの近似が可能なF値（発見率）を、平安時代（10世紀前半）の文献史料による推定人口と考古資料（竪穴建物跡数）の対応関係から推定できることである。第三に、R値の平均的な居住人数が設定可能で、変動幅が1遺跡当り人数にくらべ小さい。

Fの発見率は、「総量・総数問題」を解決するための項目で、Dの母集団の規模（今回は竪穴建物の総軒数）を推定するための係数である。D値（発見された竪穴建物跡数）が母集団の何％程度なのか。換言すれば、Dのもともとの規模（総軒数）は実際に集計できたD値の何倍になると推定できるのか、ということである。何らかの方法でそれを推定しなければ、全体の数量を予想できない。総量・総数に近い間接的人口データでなければ、人口推定は困難である。1軒の建物に平均何人住んでいたかが判明しても、地域に全部で何軒の建物が存在していたのかを知らなければ、総人口は推定できない。

しかし、ある時期の推定人口（a）と竪穴建物1軒あたりの平均的な居住人数（b）を用意できれば、a÷bでその時期に何軒の建物が本来存在していたのか（必要だったのか）という竪穴建物の推定総軒数(c)を算出できる。発見された竪穴建物跡数(D)をcで除し、総軒数（c）に対する発見率（F）を得ることができる。そして、すべて発見された状態を1（100%）とし、それを発見率（F）で除す（1÷F）ことで未発見率（1/F）を算出し、D×（1/F）で、総軒数を推定することができる。

また、発見率の計算では、推定人口（a）と竪穴建物跡数（D）の時間幅をできるだけ同じにする。それにより発見率（F）は計算上1年幅でみたときの発見率と同じになり、その後の時間幅の調整が不要になる。考古資料の年代幅が推定人口の年代幅よりも大幅に長いと、発見数が上乗せされ発見率が実態より上昇する「時間累積効果」が出てしまう。

異なる時代の発見率は、同一地方ならばそれほど変わらないと仮定することができる。発掘調査の大部分は開発行為に伴う事前調査で特定の時代を狙った調査ではなく、ランダムサンプリングとみてよい。確率論で考えれば、各時代に掘り当たる確率は各時代の本来の遺跡数の比（a）に対応し、発見される各時代の遺跡数の時代比（b）も（a）に対応する。したがって、局所的・短期的にみれば特定の時代の発見が相次ぎ偏りが生じても、調査数や発見数が十分に大きくなれば、各時代の発見率は近い値に収束してくると予想できる。

Tの時間調整係数は、Dが有する時間幅の調整に用いる。今回のように複数時期のデータセットを用いて複数時期の人口静態を推定し、長期の人口変動を読み取るときには必須である。例えば、それぞれ50年幅、150年幅という異なる年代幅をもつ2時期のデータ（D）を、25年幅（目標の年代幅）の推定値に揃えるときは、目標の年代幅を資料の年代幅で除した係数を掛けあわせる。それぞれ25÷50＝0.5、25÷150≒0.167となる。計算は大きく3つのセクションで構成される。第1セクションで縄文時代のデータであるD値とR値を決定する。第2セクションでは、10世紀前半の人口を推定し、同時期の発見された竪穴建物跡数をもとに発見率（F）を求める。また、縄文時代のデータであるD値と求めたい人口の年代幅をもとに、土器型式それぞれの年代幅に応じて時間幅の調整係数（T）を決める。最後の第3セクションで土器型式期ごとに推定人口を計算し、人口密度を求める。この手順に従い、実際の計算を進めていく。

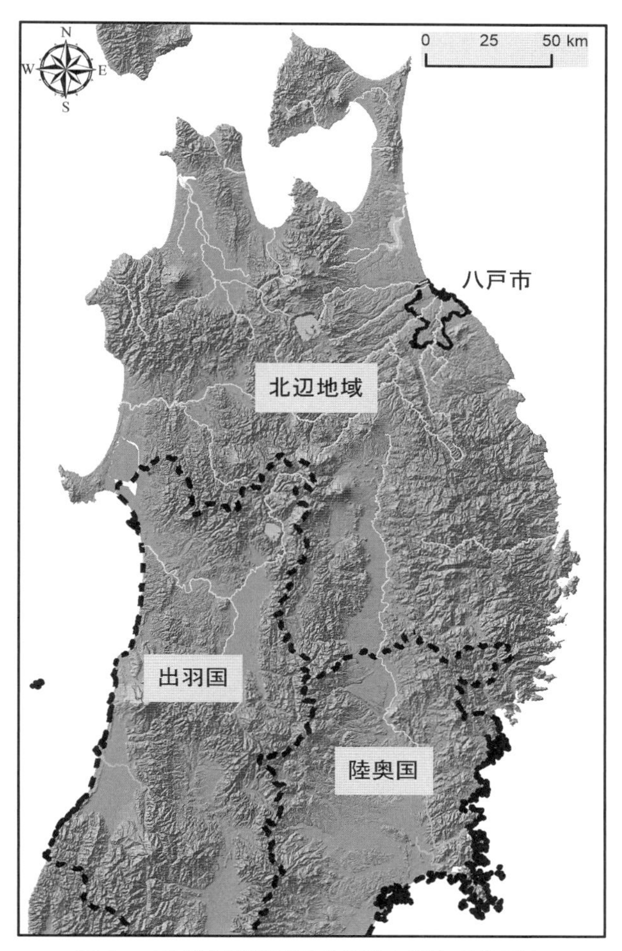

図1　10世紀前半ごろの東北と現在の八戸市

2　第1セクション：縄文時代のデータDとRを用意する

八戸市域については、土器型式別に集計した竪穴建物跡数データが近年公表されており（市川2012、関根2014）、これを用いる。D値については網羅性が重要である。分析から除外されるデータが多くなるほど発見率は実態から離れてしまう。したがって土器型式が不明の建物跡については以下に述べる方法で各土器型式に配分し、資料数を増した（表4の補正軒数）。前・中・後葉の細別時期は分かるが帰属する土器型式が不明の住居跡は、各細別時期内での土器型式別住居跡数に応じて比例配分した。大別時期は分かるが細別不明の住居跡数は、各大別時期内の土器型式別住居跡数に応じて比例配分した。

また、F値の算定に用いる10世紀前半の竪穴建物についても同じ地域で2013年頃に集成が行われていることも重要である（北東北古代集落遺跡研究会2014）。発見率を利用する場合、集成時期が大きく異なるデータセットを組み合わせると、発見状況の違いがバイアスになり、計算に誤差が生じる。この理由により、2000年前後に公表された竪穴住居の集成（村越1998・2000）は今回用いない。例えば、円筒下層a式期の住居数は、村越集成では30軒（現八戸市内は5軒）だが、市川集成では33軒に達し、八戸市域だけで青森県全県とほぼ同数になっている。軒数が多い方が発見率（F）は上昇し、1/F値はより小さくなる。つまり、発見率は調査の進展により変化するため、各計算に用いる考古資料の集成時期は同時期が望ましい。

R値の竪穴建物1軒あたりの居住人数は4人とする。市川集成をもとに前期から晩期までの平均面積をもとめると14.0㎡となり、1人当たりの面積を3.3㎡と仮定すれば居住人数は4.24人になる。端数を丸めて4人とした。

3 第2セクション：10世紀前半の人口推定、およびF値とT値の計算

(1) 10世紀前半における北辺地域の人口推定

考古資料（竪穴建物跡）との接点となる10世紀前半の北辺地域（現在の青森県および秋田県北部、岩手県北部・中部）[4]の推定人口を求める。まず、陸奥国と出羽国の推定人口について、鬼頭とFarrisの推計に筆者の試算も加えた3つの推計の平均値として求め、あわせて人口密度も算出する（表2)。鬼頭とFarrisの推計人口は著作に記載された数値を用いる（鬼頭2012・2013、Farris 2009)[5]。陸奥国人口は鬼頭推計372,900人、Farris推計288,728人、出羽国人口は、鬼頭推計189,300人、Farris推計146,547人となる。

筆者の推計は両者の折衷案とも呼べるものである。計算式は以下のとおりである。

P（人口）＝{D（田地面積）×A（安定耕作地率)}×R（1反に対応する人数）+
C1（6歳未満人口）+C2（その他の生業人口）

D値の10世紀前半の陸奥国と出羽国の田地面積データとして『和名類聚抄』田積数を用いる[6]。高島(高島2017:35、表1-3)の集計値を利用した。陸奥国51,440町3段99歩、出羽国26,109町2段51歩とする。A値については、すべての田地が耕作できていたわけではないとするFarrisや高島の指摘に従い、高島が平安前期の文献記録から導き出した約60%の値を採用する（高島2012：22）[7]。D値にA値を掛け合わせ、安定耕作田地面積を算出する。R値の6歳以上の男女1人に割り当てられる田地面積は、鬼頭に従い1.6反とする。1÷1.6で「1反に対応する人数」に変換し、係数0.625を得る。

「安定耕作田地面積」に「1反に対応する人数」を乗じて6歳以上人口を算出し、補正項C1・C2を加える。C1の6歳未満人口について、鬼頭は6歳以上人口の約16%に相当すると推定しており、Farrisもこれを採用している。6歳以上人口に1.16を乗じ、稲作農民人口を推定する。C2はFarris説に従い、狩猟、採集、焼畑などほかの生業で生活する人口を農民人口に0.4を乗じた人数を加える（Farris 2009：24)。

以上の計算の結果、10世紀前半の推定人口は陸奥国313,271人、出羽国158,457人となる。そして、3者の推計値の平均をとり、10世紀前半の推定人口を陸奥国324,966人、出羽国164,768人とする。あわせて両国の人口密度（1㎢あたりの人数）を人口÷面積で計算し、陸奥国13.6人、出羽国10.2人を得る。人口密度の計算には各地方の面積が必要である。陸奥国は現在の福島県、宮城県と岩手県南部に相当し23,830㎢、出羽国は山形県および秋田県南部が相当し面積は16,104㎢となる。10世紀前半における陸奥国、出羽国と北辺地域との境界線は、出羽国側は現在の秋田県秋田市、八郎潟町、五城目町、仙北市の北縁とした（熊田2008）。陸奥国側は、渕原智幸の研究（渕原2013）などを参考にし、岩手県奥州市、金ヶ崎町、住田町、陸前高田市の北縁とした。

次に、人口密度を用い隣接する東北北部の人口を推定する。北辺地域の面積26,820㎢に奥羽両国の人口密度の平均値11.9を乗じると、320,075人となる。なお、今回は叶わなかったが、10世紀前半の遺跡数を集計できれば遺跡数比でも試みたい。

(2) 古代の人口推定方法と結果に関する若干の検討

第一に、畠地の生産高をどのように評価し扱うべきかという問題がある。高島は平安時代の田地に対する畠地の面積の割合を約35%と試算する（高島2012：11）。本稿では、畠地の作物は田地からの収穫の不足分を補い人口の維持に消費されると理解し、人口数に上乗せすることはしなかった[8)]。1人あたり1.6反を適用することで、畠作による補完をある程度組み込むことができると考えた。班田収授制の規定による男女平均1.6反では農民は生活に必要な穀物の60～75%しか得られず生活は苦しい（高島2012：26）。それを補うのが畠地の生産物であり、畠作から得られる雑穀は農民の生活の安定化や飢饉対策に重要であった（高島2012：11）。

第二に、班田収授制がかなり崩壊していた10世紀にこうした数値を適用することに対する懸念がある（高島2017：155）。しかしながら、「1反に対応する人数」は1反で扶養可能な人数（鬼頭2013：57）という生態学的・栄養学的な基準と考えることができる。陸奥国、出羽国、北辺地域では、政治体制に違いはあっても、農業を主たる生業とし穀類を主要な食べ物として生活しているならば、生活条件は同様と仮定してもよいだろう。今後は東北地方の地形環境も考慮しつつ陸奥国や出羽国の田地面積や畠地面積を再検討し、夏でも涼しく稲作に不向きな地域であるとされてきた北辺地域の太平洋側についても何らかの補正を行いたい。

第三に、北辺地域の人口が陸奥国に匹敵する規模になることについて、多すぎるのではないかという疑問があるかもしれない。計算式のさらなる検討が必要であることはいうまでもない。一方で、9世紀から10世紀にかけては、奥羽両国の人びとの国内移動や域外へ流出など、人口の流動化が増大し（熊田2003：194-200、渕原2013：124-133）、結果として10世紀の東北北部で人口が増えていた可能性は十分にある。その要因は相次いだ騒乱、苛政、飢饉、自然災害であった（熊田2008：160-164）。出羽国では元慶二

表２　10世紀前半の東北地方の推定人口に関する先行研究と本稿の推計

	北辺地域	陸奥国	出羽国
相当する現在の県・地域	青森県 岩手県北部・中部 秋田県北部	岩手県南部 宮城県 福島県	秋田県中南部 山形県
面積（k㎡）	26,820	23,830	16,104
10世紀前半の人口			
鬼頭　推計人口（人）		372,900	189,300
鬼頭　推計密度（人/k㎡）		15.6	11.8
Farris　推計人口(人)		288,728	146,547
Farris　推計密度（人/k㎡）		12.1	9.1
本稿　推定人口（人）		313,271	158,457
本稿　推定人口密度(人/k㎡)		13.1	9.8
3 推計の平均と北辺（密度）	320,075	324,966	164,768
3 推計の平均と北辺（密度）	11.9	13.6	10.2
人口推計に用いた各項目の値			
推計名	鬼頭推計	Farris推計	本稿の推計
D：陸奥国田地面積	51,440町3段99歩（514,403反）		
D：出羽国田地面積	26,109町2段51歩（261,092反）		
A：安定耕作地率	設定しない	0.75	0.60
R：1人あたり面積(反)	1.60	2.17	1.60
C1：6歳未満人口比率	0.16	0.16	0.16
C2：非水稲農業人口比率	設定しない	0.40	0.40

本稿の推計では、A は高島 2012、R・C1 は鬼頭 2007、C2 は Farris 2009 の数値を採用した。

表３　９世紀と 10 世紀の北辺地域における竪穴建物の軒数（北東北古代遺跡研究会 2014）

北東北2014の時期区分	1期	2期	3期	4期	5期	6期	7期
年代	9世紀前葉	833-866	866-900	890-915	915-939	939-966	966-1000
時間幅（年）	33	33	34	25	24	27	34
竪穴建物数	177.7	301.2	1547.4	1823.9	2983.6	1656.5	1889.9

出典：北東北古代集落遺跡研究会 2014

年（878）に元慶の乱が勃発し、陸奥国では承和･斉衡の騒乱（834～856年）があった（熊谷1995、渕原2013：86-103）。加えて、両国では税を逃れるため住民が奥地に逃亡する事案が頻発していた（熊田2008：162-165）。自然災害では、天長七年（830）の出羽地方の地震、貞観十一年（869）の巨大地震、貞観十三年（871）の鳥海山噴火、延喜十五年（915）の十和田火山の噴火、延長八年（930）の白頭山の大規模噴火などが挙げられる。また、北辺地域では、9世紀後半から10世紀前半に遺跡数が大幅に増加し、製鉄遺跡や製塩遺跡も増え生産力が向上する（宇部2007、熊田2007）。土器の地域性などから北辺地域への人口移動を想定する見解が多い（宇部2000、松本2006、三浦2006、斎藤2007、熊田2008）[9]。これらを総合すれば、検討の余地を残すものの、今回の10世紀前半人口の推定値は当たらずとも遠からずと評価できるのではないだろうか。

(3) 10世紀前半の北辺地域における竪穴建物跡のF値（発見率）を計算する

10世紀前半の北辺地域の人口320,075人を竪穴建物1軒の居住人数を4人として除し、80,018.7軒を得る。船木義勝は先行研究をもとに居住人数を3～5人とみており（北東北古代集落遺跡研究会2014：290）、今回は4人を平均的な居住人数とした。これは推定人口が正しければ、本来何軒の竪穴建物が構築されたと推定できるか、換言すれば全部で何軒の竪穴建物が住まいとして必要であったか、という考え方である。このように考えた場合、80,018.7軒は、遺構として存在しうる竪穴建物跡の最大軒数であり、これを竪穴建物跡の推定総軒数とするわけである。

次に、実際に発見されている竪穴建物跡数を求める。これには、船木義勝が統括した東北北部の竪穴建物跡の集成研究（北東北古代集落遺跡研究会2014）のデータを利用した（表3）。ただし、出羽国に含めるのが妥当と考える秋田・八郎潟地区、仙北・平鹿・雄勝地区、陸奥国の一部とできる胆沢・江刺・磐井地区は北辺地域の竪穴建物集計からは除外した。また、10世紀前半人口320,075人は約50年間の時間幅をもつ推計値と理解できるため、考古資料もそれと同じ50年幅での竪穴建物跡数にする。したがって、10世紀前半にほぼ該当する4期（890～915年）の1823.9軒、5期（915～939年）の2983.6軒の合計4807.5軒を用いる。

そして、実際に発見された竪穴建物跡の総数（4807.5軒）÷推定される竪穴建物の総数（80,018.7軒）で、発見率（F）として約0.06（6%）を得る。つまり、現在発見できているのは本来存在していた竪穴建物の6%であり、発見されている建物跡数に逆数の1/F（1÷0.06≒16.64）を掛けあわせると本来存在したであろう総軒数約80,018軒になる。これにより総量データとしてのD値（＝Dの母集団の規模）を推定することが可能になる。

(4) T値（時間幅調整係数）の計算

縄文前期から晩期（約7000～2350calBP）の土器編年における各型式の時間幅は約80～300年間と長短があるため、人口推計値を同じ時間幅での値に揃えるための係数を用意する。まず、東北北部の縄文土器編年におおよその暦年代を与える。基準点となる暦年代については、前期と中期は羽生の研究（羽生 2002·2016）や辻誠一郎の研究プロジェクトの成果（辻 2009）を参考にし、中期と後期の境界および晩期の年代は小林謙一（小林 2008）に従った。十腰内 1a 式・1b 式の年代は國木田大の研究（國木田 2008）を参考にした。各土器型式の暦年代には未整備な部分が多いため、表 4 の暦年代間に含まれる土器型式数でほぼ均等割りにした時間幅と仮定し、あわせて土器型式の継続期間の長短を反映するようにした。時間幅は表 4 の型式時間幅が目安となる。

ある時点での人口すなわち人口静態のイメージに近づけるため、今回は 25 年幅での推定人口値を計算することにした。したがって、T 値として目標とする 25 年幅を各土器型式の年代幅で除した係数を掛けあわせる。例えば、円筒上層 a 式は 25/80、十腰内 1a 式・1b 式は 25/130 を T 値（時間幅調整係数）として用いる。

4　第 4 セクション：縄文時代の人口推定

いよいよ青森県八戸市域における縄文時代の土器型式別人口（25 年幅）を計算する。P＝{D×（1÷F）×T}×R の式に、以下の値を代入し推定人口数を計算していく。

D 値の竪穴建物の補正軒数に 1 ÷ F の 16.64 を乗じ、T 値として 25 ÷各土器型式の時間幅でえた数値を代入し、各土器型式の時期に存在していたと推定できる竪穴建物の総軒数を得る。それに R 値（1 軒あたりの居住人数 4 人）を掛けあわせ、各時期の推定人口（25 年幅）を算出する。さらに、各時期の人口を八戸市の面積（305.2㎢）で除し、人口密度を計算する。これらの計算結果は表 4 に掲載している。

V　推計結果と今後の課題

土器型式期ごとに算出された人口数を折れ線グラフで表現したものが図 2 である。縄文時代前期から晩期までに、増加と減少を繰り返していることがわかるが、大局的にみると 3 つの大きな増減期（波）があるように見える。第 1 の波は前期中葉〜中期前葉（円筒下層 a 式〜円筒上層 b 式、約 5900〜5200calBP）かけての時期でピークは円筒上層 a 式期、人口は 1681 人、人口密度は 5.5 人である。第 2 の波は中期中葉〜後期初頭（円筒上層 d 式〜蛍沢 1 群—3 群、約 5000〜4400calBP）にかけての時期で、ピークは中期末の大木 10 式・大曲式期、人口は 1321 人、人口密度は 4.3 人である。第 3 の波は、後期前葉から後期後葉（十腰内 1a 式・1b 式〜十腰内 6 式、約 4,000〜3200calBP）で、十腰内 1a 式・1b 式期にピークを迎え、人口 2195 人、人口密度は 7.2 人である。後期中葉から後葉にかけて 300 年間近く人口が多い状態を維持した点は、ほかの波と異なり注目される。晩期の結果については、平地式建物や掘り込みの浅い竪穴建物の増加が発見バイアスとなっている可能性を検討する必要がある。なお、後期前葉の一部の時期は、建物跡は未発見だが遺跡は確認されており、無人というわけではない。

表４　八戸市域の竪穴建物数から推定した縄文時代の人口数と密度

年代・時期		土器型式		竪穴建物跡数				推定人口(25年幅)	
暦年代 calBP	細別時期	時間幅目安	型式名称	型式別	型式不明	細別不明	補正軒数	人口数（人）	人口密度（人/1km²）
2,350	晩期後葉	100年	大洞A′式	0	0	2	0.0	0	0.0
		250年	大洞A式	8			8.4	56	0.2
2,730	晩期中葉	100年	大洞C2式	2	1		2.3	39	0.1
			大洞C1式	7			8.1	135	0.4
2,950	晩期前葉		大洞BC式	12	7		16.1	268	0.9
			大洞B2式	4			5.4	89	0.3
			大洞B1式	8			10.7	178	0.6
3,220	後期後葉	130年	十腰内6式	9	22	31	12.3	158	0.5
			十腰内5式	71			97.3	1,246	4.1
	後期中葉		十腰内4式	59	8		67.7	866	2.8
			十腰内3式	78			89.4	1,145	3.8
			十腰内2式	20			22.9	294	1.0
	後期前葉		十腰内1a式・1b式	68	124		171.4	2,195	7.2
4,000		80年	小牧野3式	0			0.0	0	0.0
			弥栄平(2)式	0			0.0	0	0.0
			沖附(2)式	0			0.0	0	0.0
			蛍沢1-3群	13			32.8	682	2.2
			牛ヶ沢3式	6			15.1	315	1.0
4,420	中期後葉	200年	大木10式・大曲式	140	9	27	158.8	1,321	4.3
4,800			最花式	28			31.8	264	0.9
4,900	中期中葉	100年	榎林式	27			30.6	510	1.7
			円筒上層e式	22	16		32.7	545	1.8
			円筒上層d式	10			14.9	248	0.8
			円筒上層c式	8			11.9	198	0.6
5,200	中期前葉	80年	円筒上層b式	9	14		11.5	240	0.8
			円筒上層a式	63			80.8	1,681	5.5
5,350	前期後葉		円筒下層ｄ2式	37	16	25	48.4	1,006	3.3
			円筒下層ｄ1式	17			22.2	462	1.5
			円筒下層c式	19			24.8	517	1.7
5,650	前期中葉		円筒下層b式	29	13		37.6	783	2.6
		300年	円筒下層a式	33			45.2	251	0.8
5,900	前期前葉		深郷田式・白座式	12	22		25.9	144	0.5
			表館式/早稲田6類	4			8.6	48	0.2
7,000			長七谷地Ⅲ群	6			13.0	72	0.2

人口密度は、前期から後期までの多くの時期で1㎢あたり1人を超え、人口増加期では4～7人程度になる。人類学では狩猟採集民の人口密度は1㎢あたり1人以下が普通であるとされるが、アメリカ合衆国のカリフォルニア先住民では3.9人、カナダの西海岸先住民では9.1人という報告がある（和田2003）。

今回の推定は竪穴建物数を用いているため、各ピーク時期には集落遺跡の増加も認められる（市川2012）。ただし、第3の波のピーク時期では集落が小規模化するようであり、増加した人口が小規模な集落に分散して居住していたことを示唆する（市川前掲）。また、第3の波の後半で人口が多い状態が継続した十腰内4式～5式期に風張遺跡の合掌土偶（国宝）が製作・使用されたことは祭祀の意味を考えるうえで興味深い。さらに、人口研究では空間的な偏りをみることも重要である。現代では過度の集中が都市問題を引き起こし、人口流出が続けば過疎問題となる。人口の偏在性は人間生活に大きな影響を及ぼす。広域で大局的な人口分布をみるときには遺跡数のデータが役立つ。

今回の計算方法が概ね正しいならば、今後は以下に述べる課題にとり組んでいくべきだろう。まず、土器型式の細分と暦年代の整備と、竪穴建物、掘立柱建物、屋外炉などの居住関連遺構の土器型式期別の集成が必要不可欠である。地方ごとに異なると思われる発見率の算定のためには、文献史料から推定した人口と考古資料との接点を求める作業も必要になる。また、今回の推定では建物の規模バイアス、居住様式バイアス（通年居住か季節移動か）を取り込めていない。今後の改良すべき点である。

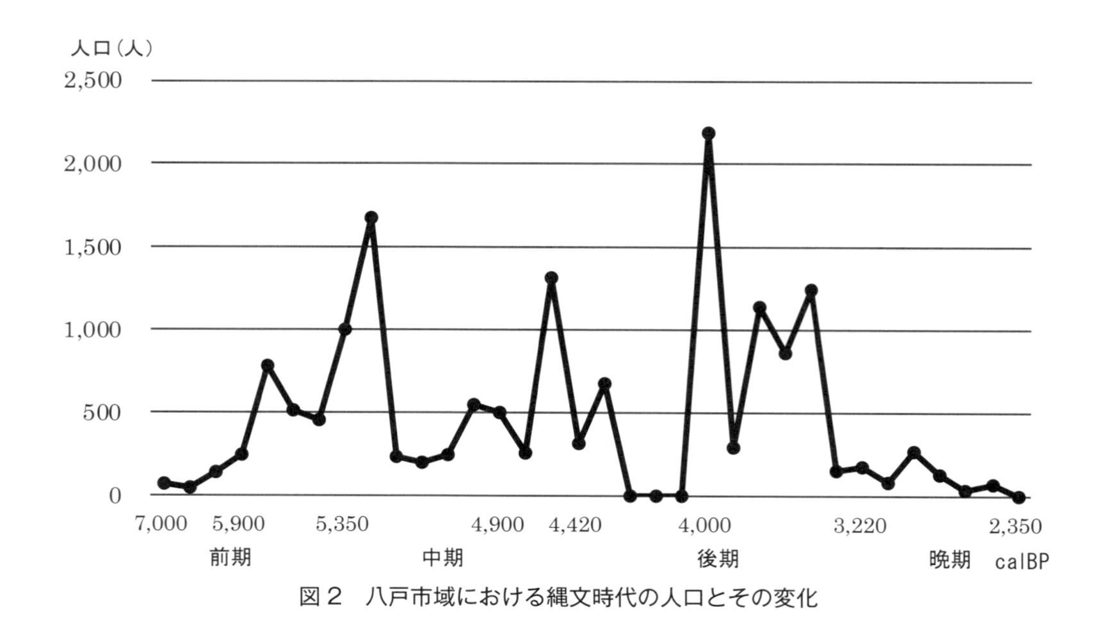

図2　八戸市域における縄文時代の人口とその変化

Ⅵ　まとめ

縄文時代から江戸時代までさまざまな時代の人口推定研究を読み解き、計算方法の定式化を試みた。そこから乗算法を縄文時代の推計にも用いることができることを確認する一方、総量・総数の推定と時間幅の調整という考古資料に特有の問題も明らかになった。それをふまえ、発見率（F）と時間幅調整係数（T）を組み込んだ新たな人口推計の計算式を考案し、事例分析として青森県八戸市域の縄文時代の人口推計を行った。今後の人口推定研究では、高精度の土器編年整備や悉皆的な資料集成、よりよい計算式の確立が必要になる。また、現在各地で整備できている土器編年や竪穴建物跡の集成データを活用して人口数を推定できる意義も大きい。北日本の縄文時代の祭祀・儀礼研究では、集団墓地の運営主体、環状列石や周堤墓に葬られた人びとの位置づけを考察するうえで、人口静態情報は大変有益な示唆を与えてくれるだろう。現状でどの程度人口推定が可能なのか、推定に推定を重ねる危うさを承知で挑戦した理由である。

今回の人口推定のアイディアは、縄文時代の研究と方法を眺めていただけでは閃かなかった。ほかの時代の人口推定研究の分析も広くサーヴェイして初めて気が付いた。古代や江戸時代の研究で気づいたことを縄文時代の研究に持ち込んで問題点の整理ができ、新たな方法にジャンプすることができた。「縄文時代をいかにして知ることが可能か」を考えるとき、ほかの時代研究を参照することが必要であった。「現代をいかにして知るか」「未来をいかにして予測するか」という課題についても同じであり、そこに現代や未来を思考するための考古学、歴史学の存在意義がある。

謝辞

本研究は、科学研究費（課題番号 16K03168）の助成を受けたものである。また、本稿まとめるにあたり下記の方々にご協力とご教示を賜わった。厚く御礼申し上げる。市川健夫、神松幸弘、冨田敬大、根岸洋、渕原智幸、矢野健一、Noxon Corey（敬称略）。

注

1）本論における方法論的検討のため、小山の論文に記載されている計算式とは表現が異なる。
2）186,000 人÷5,443 遺跡 =34.2 人
3）本稿では竪穴住居を竪穴建物、住居跡数は建物跡数と表記する。今回は竪穴建物がすべて居住用と仮定していることを明示しておく。
4）北辺地域の名称および 10 世紀前半における陸奥国と出羽国との境界については渕原 2013 を参考にしたほか、渕原氏よりご教示を頂戴することができた。
5）高島や Farris の数値は計算結果を約して表記しているため各氏の記載数値に従った。
6）和名類聚抄の田積の対象時期については、鬼頭、Farris、高島と同じく、彌永貞三の延喜式成立期あるいは和名類聚抄が成立した承平年間であるとする説（彌永 1980：351-385）に従う。10 世紀初頭・初期という表記が多いが、本論では少し幅を持たせて 10 世紀前半する。なお、『和名類聚抄』の 3 種類の写本に記載された田積数の比較（高島 2017：35）をみると、奥羽両国の数値

はほぼ同じである。

7) Farrisの安定耕作地率75%は鎌倉時代の文献にもとづく推定で、自身も高すぎる恐れを指摘している（Farris 2009：29）

8) Farrisはそれを考慮して1人あたり2.17反としたが、その場合は畠地の生産高で扶養可能な人口を別に計算し加えなければならないだろう。

9) 八木は地域内現象として移民には否定的だが（八木2010・2011）、人口増加じたいに異論はないようである。

引用・参考文献

阿藤　誠　2004「人口」『縮刷版　社会学事典』見田宗介・栗原彬・田中義久編、p.483、弘文堂。

藤野正三郎　2008『日本の経済成長と景気循環』勁草書房。

渕原智幸　2013『平安期東北支配の研究』塙書房。

羽生淳子　2002「三内丸山遺跡の『ライフ・ヒストリー』—遺跡の機能・定住度・文化景観の変遷—」『先史狩猟採集文化研究の新しい視野』佐々木史郎編、国立民族学博物館調査報告33：161-183。

羽生淳子　2015「歴史生態学から見た長期的な文化変化と人為的生態システム」『第四紀研究』54（5）：299-310。

羽生淳子　2016「食の多様性と気候変動—縄文時代前期・中期の事例から—」『考古学研究』63—2：38-50。

速水　融　1973『近世農村の歴史人口学的研究』東洋経済新聞社。

速水　融　2001『歴史人口学でみた日本』文春新書200、文藝春秋。

林　玲子　2007『世界歴史人口推計の評価と都市人口を用いた推計方法に関する研究』（博士論文）、政策研究大学院大学。

市川健夫　2012「八戸市内における縄文時代の竪穴住居数と居住規模」『八戸市埋蔵文化財センター是川縄文館研究紀要』1：11-20。

井出靖夫　2004「古代東北地方北部におけるエミシ社会と交易システム」『日本考古学』18：111-130。

今村啓爾　1997「縄文時代の住居址数と人口の変動」『住の考古学』pp.45-60、同成社。

今村啓爾　2008「縄文時代の人口動態」『縄文時代の考古学10　人と社会—人骨情報と社会組織』小杉　康・谷口康浩・西田泰民・水ノ江和同・矢野健一編、pp.63-73、同成社。

彌永貞三　1980『日本古代社会経済史研究』岩波書店。

鎌田元一　2001『律令公民制の研究』塙書房。

北東北古代集落遺跡研究会（研究代表者：船木義勝）編　2014『2011年度～2013年度　明治大学大久保忠和君考古学振興基金奨励研究　研究成果報告書　9～11世紀の土器編年構築と集落遺跡の特質からみた、北東北世界の実態的研究』北東北古代集落遺跡研究会。

鬼頭　宏　1996「明治以前日本の地域人口」『上智経済論集』40—1・2：65-79。

鬼頭　宏　2007『図説　人口でみる日本史　縄文時代から近未来社会まで』PHP研究所。

鬼頭　宏　2013『人口から読む日本の歴史』講談社学術文庫1430、講談社。

小泉清隆　1985「古人口論」『岩波講座日本考古学2　人間と環境』pp.214-245、岩波書店。

小林謙一　2004『縄紋社会研究の新視点—炭素14年代測定の利用—』六一書房。

小林謙一　2008「縄文土器の年代（東日本）」『総覧縄文土器』pp.896-903、アム・プロモーション。

小山修三　1984『縄文時代　コンピュータ考古学による復元』中公新書733

熊田亮介　2003『古代国家と東北』吉川弘文館。

熊田亮介　2004「擦文文化の成立と東北北部地域-文献史料の立場から」『シンポジウム　蝦夷からアイヌへ』pp.40-42、北海道大学総合博物館。

熊田亮介　2007「元慶の乱と蝦夷の社会」『九世紀の蝦夷社会（奥羽史研究叢書9）』熊田亮介・八木光則編、pp.292-296、高志書院。

熊田亮介　2008「第二章　出羽国の成立・展開と能代」『能代市史　通史編Ⅰ　原始・古代・中世』、

pp.130-238、能代市。
熊谷公男　1995「九世紀奥郡騒乱の歴史的意義」虎尾俊哉編『律令国家の地方支配』pp.179-216、吉川弘文館
國木田大・吉田邦夫・辻誠一郎　2008「東北地方北部におけるトチノキ利用の変遷」『環境文化史研究』1：7-26。
松本健速　2006『蝦夷の考古学』同成社。
三浦圭介　2006「古代所謂防御性集落と北日本古代史上の意義について」『北の防御性集落と激動の激動の時代』三浦圭介・小口雅史・斉藤利男編、pp.62-90、同成社。
永嶋　豊　2013「3　集落」『青森県史　資料編考古2　縄文後・晩期』pp.22-29、青森県。
斎藤　淳　2007「北央における生業活動の地域性について」『古代蝦夷からアイヌへ』天野哲也・小野裕子編、pp.240-286、吉川弘文館。
澤田吾一　1972『復刻　奈良朝時代民政經濟の数的研究』柏書房。
瀬口眞司　2008『縄文集落の考古学　西日本における定住集落の成立と展開』昭和堂。
関根達人　2014「青森県における縄文時代の遺跡数の変遷」『第四紀研究』53—4：193-203。
芹沢長介　1968『石器時代の日本』築地書館。
高島正憲　2012「日本古代における農業生産と経済成長：耕地面積、土地生産性、農業生産量の数量的分析」『Global COE Hi-Stat Distribution Paper Series 223』一橋大学。
高島正憲　2017『経済成長の日本史　古代から近世の超長期GDP推計　730-1874』名古屋大学出版会
谷口康浩　2016『縄文時代の社会複雑化と儀礼祭祀』同成社。
辻誠一郎　2009「縄文中期から後期初頭の環境文化急変の解明―三内丸山遺跡を中心に―」『三内丸山遺跡年報』12：44-52。
塚田松雄　1974『生態学講座27-b　古生態学Ⅱ　応用編』共立出版。
宇部則保　2000「馬淵川下流域における古代集落の様相」『考古学の方法』東北大学文学部考古学研究会会報3：25-30。
宇部則保　2007「本州北縁地域の蝦夷集落と土器」『九世紀の蝦夷社会』（熊田亮介・八木光則編）奥羽史研究叢書9、151-186、高志書院。
和田稜三　2003「アメリカ堅果食文化の特色とその地域差」『立命館文學』579：35-63。
W.アーベル（寺尾誠訳）　1972『農業恐慌と景気循環』未来社。
八木光則　2010『古代蝦夷社会の成立』ものが語る歴史21、同成社。
八木光則　2011「古代北日本における移住・移民」『海峡と古代蝦夷』小口雅史編、pp.215-235、高志書院。
山内清男　1964「日本先史時代概説」『日本原始美術I』pp.135-147、講談社。
山内清男　1969「縄紋時代研究の現段階」『日本と世界の歴史1』pp.86-97、学習研究社。
矢野健一　2004「西日本における縄文時代住居址数の増減」『文化の多様性と比較考古学』pp.159-168、考古学研究会。
矢野健一　2014「押型文土器遺跡数の変化」『東海地方における縄文早期前葉の諸問題』pp.73-86、東海縄文研究会。
矢野健一　2016「縄文時代における人口問題の重要性」『環太平洋文明研究』1：11-22。
Crema, E.R, 2012. Modelling Tempolal Uncertainty in Archaeological Analysis. J Archaeol Method Theory（2012）19：440-461. Doi：10.1007/s10816-011-9122-3.
Crema, E.R., J. Habu, K. Kobayashi and M. Madella, 2016. Summed probability distribution of 14C dates suggests regional diversities in the population dyanamics of the Jomon Period in Eastern Japan. PLOS ONE 11（4）：e0154809. Doi：10.371/journal.pone.0154809.
Farris, W.W. 2009. *Daily Life and Demographics in Ancient Japan*. Michigan Monograph Series in Japanese Studies Number63. Center for Japanese Studies, the University of Michigan.
Koyama, Shuzo 1978 Jomon Subsistence and Population. Senri Ethnological Studies 2：1-65.

【2018年2月8日受理】

A New Method for Population Estimate in the Jomon Period

—A Trial Calculation of Population in the Northern Tohoku District, Japan—

NAKAMURA Oki[1]

Abstract：This paper presents a new method for estimating population in the Jomon Period. To understand the methodological aspects, I have reviewed the calculation processes and terms of previous studies focusing on the population estimation s from the Jomon period to the Edo era. The result showed that almost all population estimates based on indirect population data used the multiplication method, generally described as "P=D×R+C" (P= population, D= data, R= the number of people assigned to a single unit of data or the amount of data representing a single person, C= correction terms). It is also revealed that population estimate research using archaeological data faces two critical problems: the first is how to infer the original, total number of sites or dwellings from the fragmentary archaeological record of discovered remains, and the second is how to manage different time scales amongst the archaeological data sets.

This new calculation method utilizes discovery rate and temporal adjustment factors. Interesting results have been obtained from the test case in Hachinohe city, Aomori prefecture. Through the Early to Final Jomon periods (about 7000 to 2350 calBP), population levels fluctuated, and the local society experienced three major cycles of population increases and decreases. The most populous period was in the early part of the Late Jomon (around 4000 calBP) with 2195 inhabitants, and a population density of 7.2 people per square kilometer.

Keywords：Jomon period, Heian Period, population estimate, P=D×R+C, discovery rate

1：Ritsumeikan Global Innovation Research Organization, Ritsumeikan University

環太平洋文明研究　第2号　pp.59-78, 2018年3月
Ritsumeikan Pan-Pacific Civilization Studies Vol.2

縄文人の資源利用と土地利用に関する生態学的研究（1）

神　松　幸　弘[1]

要旨　縄文時代の社会を理解する上で、縄文人の人口動態とそれに及ぼす要因の解明は本質的な課題である。環境史研究によって復元される過去の気候変動と人口動態の関係を説明するには、生態学的な理論と方法論が役立つ。縄文時代の人口動態の特徴は、それ以外の時代に比べて、各地域では急激な増加と減少を示しつつあるにもかかわらず、全体では長期に低人口で安定していることである。それは、縄文人の生業および食文化に起因するものと思われる。

本稿では、まず縄文人の生態学的なニッチを南川雅男ほか（1986）と米田穣（2013）による安定同位体分析の結果から俯瞰する。従来から、縄文人の主要な食物の一つとされてきたドングリについて、獲得に必要なエネルギーコストについて検討した。試算では、10人の縄文人が1年分のドングリのアク抜きに消費するエネルギーを得るために、1.2haの森林が消失すると見積もられた。この結果より、縄文人は主要な食料として、ドングリは利用しなかったのではないかという結論を提示する。

縄文時代の中期前後に起こった気候変動と人口の急激な増減との関係は、縄文人による特定の食物（栗か豆）への過剰な依存をしたことが背景にあると考えられる。本稿において、縄文文明の崩壊は、縄文人と栽培植物との共生関係が強化される過程で、縄文人が多様な資源を柔軟に狩猟・採集する機会を消失していくことによって引き起こされたとの仮説を提示する。

キーワード：環境と人間の関係史、人口動態、生態学、ドングリ、縁

Ⅰ　環境と人間の関係史

1　背景―環境考古学と環境史―

日本における環境考古学は、花粉分析を嚆矢に、珪藻、プラントオパール、火山灰など様々な歴史記録媒体の分析を通じて、古代日本史に光を当ててきた（安田1980、安田2004）。そして、1991年に大きな発見があった。福井県若狭町にある水月湖の湖底から採掘された堆積物は、縞模様を描くように白い層と黒い層とが薄く積み重なっていた。この縞模様は、数千から数万年の時を1年ごとに正確に閉じ込めた天然のタイムカプセルであることが明らかにされ（Kitagawa and Plicht 1998、中川2015）、安田喜憲によって「年縞」と名付けられた（安田2017）。数万年の古環境を知る試料は、ほかにも南極やグリーンランドなどの氷床アイスコアなどがある。ただし、それらは、人間の生活圏から

1：立命館大学 立命館グローバル・イノベーション研究機構

隔絶された場所にある試料である。一方、年縞は古くから人間が居住する緯度帯から採取できる。地球環境の変化はどこでも一様ではない。環境と人間の関係の歴史をひも解くには、人間の生活圏の試料は必須であり、年縞ほど条件に叶った試料はない。水月湖の年縞は、中川毅をはじめとする研究者の活躍によって、今日、古環境研究における世界標準の年代軸となっている（中川 2015）。

年代学や花粉分析、DNA 分析、さらに微量元素の分析などが発達するに連れて、過去の気温や降水量、植生などの情報が急速に増えてきた。そうなると、農耕の開始や文明の興亡といった人類史上の大事件と環境変動との関連を論じようとするダイナミックな文明論も現れる（安田 2000、オッペンハイマー 2007、ベルウッド 2008、ダイアモンド 2012）。たとえば、ベルウッド・ピーター（2008）は、西アジアの農耕起源を 1 万 2,800 ～ 1 万 1,500 年前ごろまで続いたヤンガードリアス期の寒冷化によるストレスとその後の温暖化に関連すると指摘した。また、安田（2000）は、クライマティック・オプティマム（気候最適期）以降に訪れた 5,700 年ごろの乾燥化に起因する砂漠化によって、大河のほとりへ移動した牧畜民と、もともと周辺に定住していた農耕民とが融合したことによって、都市文明が誕生したとする説を提唱した。

2　環境と人間の関係史と環境決定論

環境は人間の社会や文化の有り様を決定するという考え方は大昔からあった。「所変われば品変わる」というように、気候･風土が違えば、土地の人の様子も変わることは、誰もがちょっとした経験によって、素朴に思いつくことである。しかし学問社会では、地理的な環境要因が、ある具体的な人間の社会や文化に影響を及ぼしたというと、しばしばそれは環境決定論であると批判されてきた。環境決定論とは、「何をどうしようとも人間は環境に宿命的に決定される」という極端な理論で、その反対の「人間は環境に働きかけ自らの環境を変えうる」とする環境可能論と対比される。人間は環境に制限を受けることも、また環境を変えることもあるから、どちらの説も全くの間違いではない。環境影響か人間影響かとどちらか一方に偏ることがおかしいのであって、そこまで極論を唱える研究者はいるはずがない。それでは、なぜ「ことさらな」環境決定論への批判（安田 1990）[1] があったのだろうか。

第二次世界大戦の頃、地理学者は、世界の諸民族の生活や文化を優劣で評価し、地域の気候・風土が人間の資質を決めるという極めて偏向的な地政学の思想によって、侵略戦争に加担した（安田 1990、小泉 2014）。環境決定論へのアレルギー反応は、こういった危険への警鐘と反省が込められているのではないだろうか。

佐藤洋一郎は、20 世紀後半から自然科学的な分析の手法を取り入れた環境史研究の成果によって、環境変化と歴史的なイベントとの関連を論じようとする気運が生まれ、多くの人が環境決定論者になったと指摘している（佐藤 2012）。佐藤は環境決定論自体について明確な批判をしていないが、近年の研究に、ある歴史的イベントと特異的な寒暖の時期が重なるというだけの理由で気候変動がそれらイベントの直接の原因であるかのように主張するケースがあまりにも多いと苦言を述べている。複雑なプロセスを省いて、単純化したシナリオはわかりやすい。しかし、それにより事実を曲げてしまうことの危険性を佐藤は指摘しているものと思われる。

たしかに、自然科学に軸足を置く研究者は、自身の専門性と着眼の重要性を説こうとするあまり、人間社会の仕組みや考え方、異文化との接触といったその他の要因について十分な検討を端折ってしまうかもしれない。ただし、それは個々の研究者の能力の限界でもある。人文学的研究に軸足を置く研究者もまた、自然環境の影響を正当に評価することは難しいだろう。そうだとしても、今日の環境史研究について無分別に環境決定論のレッテルを貼ることはナンセンスである。歴史的なイベントについて、環境の影響が大きいか、人間の影響が大きいかと論を競うのが環境史研究の目的ではない。問題は、いかにして環境と人間の相互作用を包括的に捉えるかである。環境と人間の相互作用とは、人間は環境変化に影響を受けるが、その影響応答は、人間（または社会）によって変化するということである（図1-a）。また、人間活動は環境を改変する。環境改変の有り様もまた人間（または社会）によって異なるということである（図1-b）。環境と人間の関係史の研究は、環境と人間の交互作用を検証するための十分な知見を蓄積する必要や、包括的な理論を構築するための方法論の開拓など課題は山積みであり、未だ発展途上にある。したがって、それを行う者は未熟さを知った上で、ときに環境決定論とそしりを受けるリスクも飲み込んで、前進する覚悟がいる。

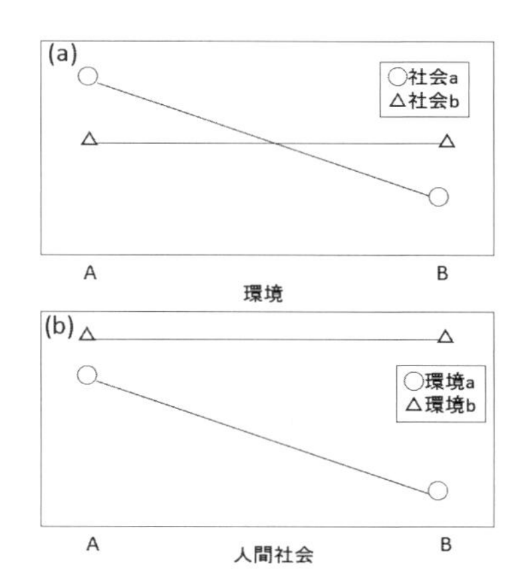

図1　環境人間相互作用の概念図

a：環境改変に伴う2つの人間社会のレスポンス。

b：2つの環境における人間活動による環境改変に対するレスポンス。

3　縄文時代の環境変動

縄文時代の開始と終焉をいつとみなすかは、今日の考古学の知見を以てしても流動的である。「通史」による解説[2)] を参照することを了承していただくならば、縄文時代は、約1万6,000年前から約2,300年前ごろまでとされる（佐藤 2013）。そうだとすると、縄文時代は実に1万年以上も続いたことになり、弥生時代から現在に至るまでの約5倍に相当する。時間の長さだけでいえば、日本史の8割くらいは縄文時代で占められる。これだけ長く続いたのだから、縄文人は、様々な環境変動を経験しただろう。

縄文時代の幕開けとなった1万5,000年前は温暖化の始まりであった（図2）。福井県三方湖や水月湖での花粉分析によれば、ツガ属・モミ属などの針葉樹林が後退し、コナ

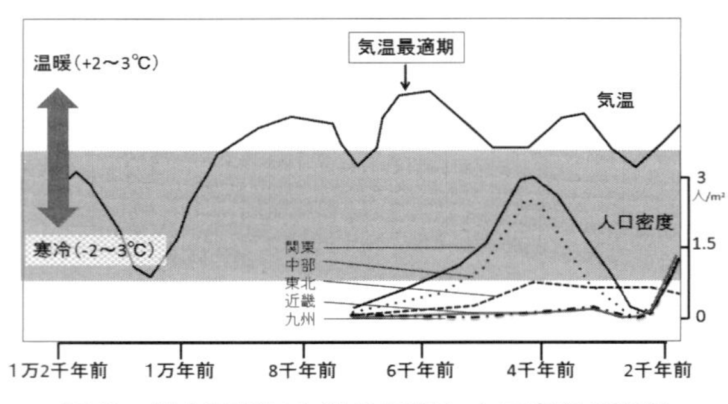

図2　縄文時代における気候と人口密度の関係
（小山 1984 および安田 2002 をもとに作成）

ラ属などが優占する落葉広葉樹林へと変化したという（安田 1987、安田 2009）[3)]。マンモスやナウマンゾウが絶滅したのもこの頃である。その後、一時はヤンガードリアス期と呼ばれる地球規模の「寒の戻り」に入り（ただし、日本列島では寒冷化の影響は微弱であったと指摘されている、篠塚・山田 2015）、1万1,000年前頃、再び温暖化へと急転し（中川 2015）、9,000〜6,300年前には、クライマティック・オプティマム（気候最適期）と呼ばれる温暖期を迎えた（安田 2017）。日本では縄文海進と呼ばれる大規模な海水準上昇が起こり、今日の関東、濃尾、大阪平野の大半は海面下にあった（Ota *et al.* 1981）。しかし、6,300年前以降は、またも冷涼な時代へと向かった（安田 2017）。

日本列島に縄文人が暮らしていた時代、世界のいくつかの地域では、人間社会に大きな変革が起きていた。まず長江中下流域で、氷期を抜けて間もない1万4,000年頃の遺跡からイネの痕跡が見つかっている（安田 2016）。西アジアでも、ヤンガードリアス期終了以降に農耕が始まり（Bar-Yosef 1998、安田 2002、ベルウッド 2008）、気温最適期を過ぎて寒冷・乾燥化していくと、四大文明が生まれた。ところが、日本列島では依然として、狩猟・漁撈・採集生活の時代が気温最適期以降も2,000〜3,000年ほど続いた。また、7,300年前には鬼界カルデラが噴火し（Kitagawa *et al.* 1995、奥野 2002）、大規模な地震や津波も繰り返された（高橋 2003）。激動する環境下で縄文人は1万年もの長期にわたり、大きな生業転換を行うこともなく日本列島に住み続けた。

もちろん、細かく見れば、縄文時代は土器編年によって、草創期、早期、前期、中期、後期、晩期に区分され、文化的な転換期をいくつか迎えている。また、縄文人の骨から抽出したコラーゲンの炭素および窒素安定同位体の分析から、地理的な食性の違いは歴然としており（米田 2013）、縄文時代の生活・文化は時空間的に見て、十分に変化に富んでいたことがわかっている。ただし、本格的な農耕は行わず、身分階級や都市国家なども生まれず、戦争のない時代が長く続いたことはおそらく確かである（佐原 1987、佐藤 2013）。

農耕の起源は、未だに簡単に答えられるものではない。ただし、人口増加に伴う密度効果、社会の仕組みの変化、環境変動による食料不足といった要因（あるいはその複合）がストレスとなり、農耕を開始する引金となったという説は現在まで有力である（ベルウッド 2008）。更新世の不安定な気候に適応し、遊動的な生活を営んでいた旧石器人と異なり、縄文人は領域内の資源を利用する定着的生活を基本にしていた（佐藤 2013）。そのため、縄文人は気候の変化を受け入れざるを得なかったに違いない。気候変動の影響は大陸の民族に農耕の開始を促したのと同程度に縄文人に甚大なストレスを与えたのではなかっただろうか。はたして、気候変化は縄文人に何をもたらしたのか。それを探る方法の一つは縄文時代の人口とその分布の時間的変化を追跡することである。

4　縄文人の人口動態―長期安定社会？―

全国規模での縄文人の人口研究は小山修三（Koyama 1978、小山 1984、小山・杉藤 1984）によるものが唯一といってよく（矢野 2017）、30 年以上経過した今日でも多くの人口研究に引用されている（たとえば鬼頭 2000）。それによると、縄文早期で約 2 万人、中期に約 26 万人とピークを迎え、晩期で約 7 万 5,000 人まで減り、弥生時代に入ると約 60 万人に急増したと算出されている。また、人口分布は地方で偏りがあり、縄文中期では、東海以東の東日本に全人口の約 9 割が集中していたと推定される。

縄文時代に人口の偏りが東日本と西日本で生じた理由は、山内清男が提唱したサケ・マス論（松井 2005）や佐々木高明（1997）のナラ林文化論によって説明されてきた。すなわち、サケ・マス類や、ナラ類のドングリなどの資源が東日本で豊富であったためであり、多くの研究者から支持を得てきた（たとえば安田 2017）。これに対し西田正規（1985）は、縄文時代の遺跡が発見されることの多い黒ボク土壌や台地地形が、東日本で卓越し、西日本ではわずかなことを指摘し、このような地形的制約によって、遺跡の保存状態や発見確率を下げている可能性を指摘している。枝村俊郎・熊谷樹一郎（2009）は、GIS による分析から縄文時代の遺跡の分布域はナラ林帯域よりも、むしろ黒ボク土壌帯および台地地形の分布とうまく重なることを示し、西田（1985）を支持している。

小山のデータから（図２）、矢野健一（2017）は、縄文時代はほかの時代にはない短期的な人口の急増と急減について、縄文時代特有の原因がある可能性を指摘している。また、人口が急増・急減しながらも最終的には全体の人口は変わらず、かつ弥生時代以降に見られるような長期的な人口成長が起こらない抑制状態についても、社会および自然環境の変化と適応から総合的に理由を探す必要性を唱えている。以上のように人口問題は、縄文社会の本質（矢野 2017）に迫る研究テーマといえる。ところで、これまでの縄文時代の人口動態および地理的分布は、小山の研究をもとに述べてきたが、小山の研究以来、すでに 30 年以上経つ。当然、この 30 年で発掘された遺跡件数は格段に増加しているはずである。そうだとすれば、現在のデータから計算し直すと人口動態も地理的な人口分布も、全く様相が異なるかもしれず、早急に取組むべき課題といえよう。

5　本研究の目的

現在、立命館大学環太平洋文明研究センターでは、2017 年度より開始された、研究拠点プログラム「長期的人口分析に基づく持続型社会モデルの研究拠点（代表：矢野健一）」において最新の遺跡発掘資料に基づく日本全国の縄文時代の地方・年代別の人口推定の試みを新たに進めている。そして、人口動態に作用した自然環境変動について検討するため、年縞試料をもとに気候および生態系の復元、さらに地震・津波など災害史に関する資料の収集・分析を行っている。また、人類学的なアプローチとして、環太平洋地域における多様な民族における生活・文化、社会構造を比較し、縄文時代の社会変容と人口動態との関係を検討している。そして、縄文時代から現代に至る人口動態の中で、自然・社会変化との関係を総合的に考察し、人口が安定した社会の特色およびその優位性と危険性を把握した上で、そのような社会に適した「持続型社会モデル」を構築することを最終的な目的としている。

筆者は生態学をバックグラウンドに、本プロジェクトに参画している。生態学は、人間以外の野生生物を扱うことの多い分野であるが、人口問題とは密接な関わりを持っている。とくに個体群生態学は、集団の個体数（人口）とその増減に関わる出生、死亡、移動を追跡し、人口動態を推定・予測する分野であり、その理論は人間も含めた生物全般に応用されている。また、生態系生態学は、食物連鎖および非生物的環境を含めた生態系の物質循環とエネルギー流を計量・計測する分野である。種が環境内で生息できる最大数（環境収容力）を推定したりする。たとえば地球は最大何人まで人間を養えるのかといった問いもこの分野の担う課題である。さらに、環境と生物の関係（適応や進化）を探る行動生態学や進化生態学など多岐にわたる分野がある。

縄文人が集団を維持するためには、まず個体の成長・維持・繁殖に必要な食料資源を獲得しなければならない。逆にいえば、資源量の増減は人口の増減を左右する大きな要因である。したがって、縄文人がどんな動植物を食料にしていたかは人口問題を解く上で重要な情報である。また、利用可能な資源量は、単に環境中に存在する現存量やカロリー量では決定されない。狩猟・採集・加工などに費やすエネルギーや栄養に転換するまでのロスも考慮する必要がある。このような資源獲得にかかるコストを上回る栄養物質やエネルギーを獲得することではじめて食料資源になるのである。また、どのような動植物を食料に選択するかは社会的、文化的な制約もあっただろう。縄文人は複数の竪穴式住居からなる集落を形成し、定着的生活を行っていた。そのため、食料資源を確保するための狩猟・採集は、集落を中心としたある程度の範囲に限定されたであろう。資源利用の効率を最適化するために縄文人は生活に適した地形や植生景観を選択し、そこに定着をした。その結果、ときに気候や地形の変動に晒されたであろう。

以上のように、縄文時代における環境変動とその応答である縄文人の人口動態を結ぶプロセスは、様々なレベルの生態学的なメカニズムによって説明する必要がある。本小稿は、縄文人の資源利用と土地利用に関連するトピックについて、生態学的な視点から研究構想を書き留める。具体的には、縄文人の食性を米田（2013）の安定同位体分析の結果から概観し、主要食料とされるドングリの利用、中期以降の寒冷化と人口減少、縄文人の土地利用と生物多様性との関係について論じる。

Ⅱ　食性から見た縄文人の生態学的ニッチ

縄文人のゴミ捨て場であった貝塚は、縄文人の食性を知る手がかりとなってきた。また、遺物付着物や土壌中に残る大・小・微小の多様な動植物遺体を分析する研究によって、発掘された物的証拠は縄文人の食性を解明してきた（渡辺1975、小林1996、松井2005、佐藤2005)。さらに民俗・民族学的な研究（たとえば小山ほか1982）や実験考古学による、食物の利用方法の検討など幅広い領域で研究が進められてきた（工藤2013)。その結果、縄文人の食物は400種以上に上るという（小山1990)。また、自然界の食物連鎖の中で縄文人がどのような位置（生態学的なニッチ）にあるかという視点から、人骨コラーゲンの炭素および窒素安定同位体分析による食物推定も行われている（南川1990、日下2012、米田2013)。

図3は、米田（2013）による縄文人の炭素・窒素安定同位体分析の結果と、南川雅男ほか（1986）による現代の日本人とアメリカ人の髪の毛の炭素・窒素安定同位体分析の結果を重ねている（毛髪と骨コラーゲンの濃縮係数は異なるため、若干の補正をしている)。安定同位体分析の大きな利点は、摂取した食物が同化された（血や骨や肉となった）結果を数値化して表現できることにある。食料に対する骨コラーゲンの炭素および窒素の安定同位体比は、それぞれ4.5‰、3.5‰濃縮する（米田2013)。したがって、調べる対象の値は通常食物の値の右上に位置する。ただし、人間のように雑食する場合はやや異なってくる。たとえば、仮に植物Aと動物Bの2種類を同じ量だけ食べた場合は、AとBの中間に位置する。したがって、図3の東北集団が海産魚と C_3 植物[4)] の間に位置するのは双方を食べたためで、海産魚の値により近いのはそれだけ海産魚（サケと思われる）に強く依存したと解釈される。一方、北海道の集団は海産魚類より窒素同位体比が高いが、魚類に加えて魚を捕食する海産ほ乳類も食べたためであろう。

北海道から琉球列島までの縄文人の食性は、地域で大きく異なる（米田2013)。このことは、全体的には多種多様な生物を食物としていたが、地域ごとは偏った食物に依存したことを表している。一方、現代の日本人は著しく多様性が低い。これは様々な食物を食べているが、みな似通った食事をしていると解釈できる。現代のアメリカ人は日本人に比べ右よりである。C_4 植物のトウモロコシで

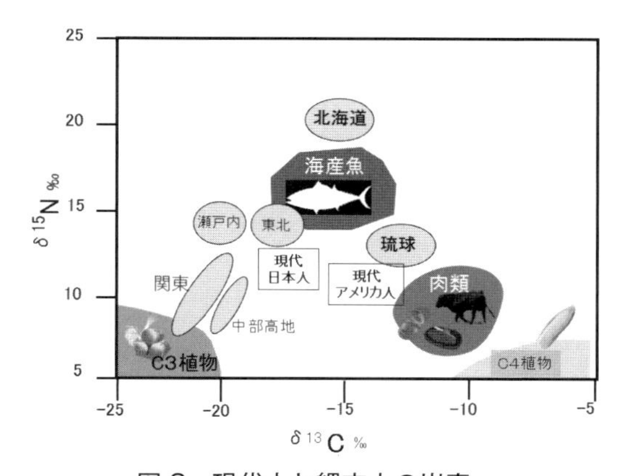

図3　現代人と縄文人の炭素・
窒素安定同位体マップの模式図
（南川ほか1986および米田2013をもとに作成）

育てた牛を食べるためで、日本人もアメリカ人と似た食事を摂り続ければ、炭素の同位体比は右へと移動する。このように炭素同位体比は、食物連鎖の起源となる植物がC_3かC_4であるかを識別する指標になる。縄文時代にはC_4植物のアワ、ヒエ、キビの栽培が行われていた（藤森1963、那須2014）。しかし、図3のとおり、本州の縄文人の炭素安定同位体比は現代の日本人よりも低く、C_4植物を食べていたことを示唆する分析結果は得られていない。米田（2013）は、本州の縄文人はアワ、ヒエ、キビを利用しておらず、C_3植物であるクルミ、クリ、ドングリなどやイモ類を利用していたと述べている。ただし、C_3植物内でどの種を食べていたか、また栽培化や品種改良が行われたかまでは同位体分析では明らかにできない。いずれにせよ、縄文人の食性がこれほどまでに地域間で違っていることは、地域別の人口動態の違いとの関連から考えてたいへん興味深い。

Ⅲ　縄文中期以降のドングリの利用

1　ドングリは縄文人の主要食物であったか？

ドングリはブナ科コナラ属、マテバシイ属、広義にはシイ属も含めた堅果の総称で、クリ、クルミ、トチなどの堅果類と並んで縄文人の主要な食物に上げられている。ドングリは日本に20種ほどあり、中部および東北日本は落葉樹のナラ類（コナラ・ミズナラ・クヌギなど）が卓越し、関東、西日本では常緑樹のシイ・カシ類（アラカシ・スダジイなど）が卓越する。この傾向は縄文時代から基本的には変わらなかった（安田2008）。ドングリは60%ほどが炭水化物であり、デンプン質を多く含むため（松山1982）、カロリーから見ると栄養源としては十分である（小山1990）。また、遺跡から貯蔵穴などの遺構が発見される上に、土器に付着したデンプンも見つかることから（工藤2014、山本ほか2016）、縄文人が食料としていたことは疑いの予知がないと思われる。それにしても、ドングリはアクが強い。アクの主成分はタンニンである。もっとも、アク抜きの技術についても、日本や韓国の民俗事例や（渡辺1986・1987）、カリフォルニアインディアン（松山1982、小山1990、和田2003）、イタリア・シチリア島などにある粘土吸着を利用したアク抜き法（Timothy J. and Martin 1991）などが報告され、ドングリを食べられる技術は証明されている。しかし、本当にそれが「主要な」食物だったのだろうか。

2　アクは毒であり、ナラ類ドングリのアクは強い

ドングリのアク抜きの苦労について、筆者は身を以て知っている。筆者は、ある専門学校で12年間ドングリを用いた調理実習を行ってきた（写真1）。その調理とは、殻を剥いたドングリを水とともにミキサーで砕き、布で濾して、何度も水換えをして、デンプンを取り、煮詰めたものを冷やし固めるドングリもちを作るものであった。そして、

何度も渋くて食べられないという失敗の経験を重ねた。味覚は主観的なものであり、個人の感想に過ぎないが、学生にも渋くて最後の試食に至らないという残念な体験を幾度も味わわせてしまった。結局、アクのないシイの実を混ぜることでごまかしながら、なんとか授業を実施してきた。シイを用いた理由をもう一つ付け加えるならば、シイは小粒ながら剝き実の３分の１程度デンプンが取れるのに対し、コナラやクヌギでは割合にしてその半分以下になるほど歩留りが悪いのである。考古学や民俗学の先行研究をひも解くと、アク抜きの行程は複雑であっても、最終的には渋みは消えるように書かれている（たとえば小山 1990）が、多いに疑問を持っている。そのことをある考古学の研究者の方に話をしたら、「私はそれほどアクを感じませんよ」とか、「アクも風味の一つですから」というお答えをいただいた。しかし、お米に代えて毎日食べることができますかと聞けば、「はい」と答える人はいないのではないか。自分が食べられないが、縄文人なら好んで食べていたとは考え難い。

写真１　調理実習で作成したドングリもち
シイ（左）とクヌギ（右）のデンプンでそれぞれ作った。

アクの主成分であるタンニンは毒である。事実、日本の山林に生息するアカネズミ（*Apodemus speciosus*）にドングリばかり与えると急速に痩せるか、死んでしまう。もちろん、彼らは自然の中でドングリを食べている。ただし、死なない程度に食べたり、少しずつ味見をする過程で唾液タンパクや腸内細菌を変化させ、タンニンへの耐性をつけるのである（Shimada *et al.* 2006、島田 2008）。リスもシカもクマもカケスもそれぞれの適応戦略によって、タンニンの毒性を乗り越えているはずである。たとえば、リスはドングリを好物とすると思われがちだが、本当だろうか。野外で同じ食物を繰り返し摂食する姿が観察されると、しばしば選好性が見つかったと解釈される。しかし、それは何らかの制約に基づく代替的な選択に過ぎないかもしれないのである。そのような視点でみれば、縄文人がドングリを食べていたとしても主食にしたり、好んで食べていたかは疑問であり、救荒食、あるいは別の食物に混ぜかさましする程度ではなかったかと筆者は思うのである。

3　アク抜きのコストを見積もる

縄文人が煮沸によってドングリのアク抜きをしたとすると、どれほどエネルギーを費やすのだろうか。増田孝彦・黒坪一樹（2010）は、ドングリの剝き実でアク抜き実験を行っている。その工程は、水換えをしながら、14時間の煮沸（7時間の煮沸を2日に分けて行う）するもので、約9割のアクを抜くことに成功している。これをもとに10人の集団が1年で消費する量のドングリのアク抜きに必要な燃料を試算する。民俗学的調査から5人が1年と1ヶ月（390日）食べるドングリの備蓄量は1365kgであり（増田・黒坪2010）、10人では2730kg必要になる。これをドングリ1kgと水が5リットル入る土器で煮沸することにする。縄文時代のかまどは不明だが、アフリカなどで現在も使われる簡素に石を組んだだけの三石かまどと同程度の性能と仮定して、これを最適な効率で使用した場合、1リットルの水を沸かすのに必要な薪は120gで、以後弱火でたく薪量は1時間あたり689gである（PCIA 2011）。ドングリ1kgのアク抜きに使う薪量は、（120（g）×2＋689（g）×14（時間））×5（L）=49.43（kg）となるので、10人、1年分に必要な薪量は2730（kg）×49.43（kg）=134.94（t）となる。これだけでは量を想像しにくいので、森林面積に置き換えてみる。まず、現在の日本の天然林は13,429千haで、木材貯蓄量は1,858,187千㎥である（林野庁2013）。したがって、1haあたり138.4㎥の木材がとれる計算になる、また広葉樹木材の単位体積あたりの重量は、0.8t／㎥（国土交通省2013）になるから、およその量で135（t）／0.8＝169㎥となり、1年でドングリのアク抜きだけで開発する森林面積は169／138.4＝1.2haである。ほぼ3600坪に相当する。参照するデータや計算仮定と縄文時代の生態系には差があるかもしれない。ただし、この試算から推定される森林の破壊を縄文時代中期の推定人口数（小山1984）で行った場合、その規模は現在のアフリカ地域の森林破壊規模に匹敵する（FAO 2015）。これほどまでに大規模な開発（そもそも縄文人に森林伐採はできたのか）があったとしたら、豊かな森林に支えられた縄文文明（安田2017）の成立や持続は難しかったであろう。増田・黒坪（2010）も加熱は長時間作業に拘束される欠点を指摘し、水さらしによるアク抜きを支持している。そうであっても、水さらし用の土器をいったいいくつ並べる必要があっただろう。また、大規模な水さらしの遺構はそれほど発掘されていない。もう一つ、付け加えるならば、カリフォルニア・インディアンのドングリ利用の例などは、利用様式を参照することは問題ないにせよ、ドングリ自体は全くの別種である。クリとドングリを同じと見なす人はいないと思うが、20種からなるドングリをどれも同じと扱うことは生物学的な視点からは大きな問題である。さらに、利用に多大なコストがかかることに対して、「先人は苦労したものだ」という根性論的な解釈がまかり通ることも考古学的研究の特殊性であり、真実の究明に対する弊害と認識する必要があるだろう。以上のようにドングリを食料にすることはエネルギーコストや労力を考えると思いのほか、簡単ではない。さらなる加工方法の開発や精緻なコストの検討を行った上で、資源となり得たかを議論する余地がある。

Ⅳ　縄文中期以降の寒冷化と人口減少

1　縄文人口の急増と急減

縄文時代中期における人口の急増とその後の急減は、おそらく縄文時代で最も重大なイベントの一つである。この要因について多くの研究者が説を唱えている。小山（1990）は、縄文時代は、日本の歴史の中で例外的に破滅的な結末を向えたと述べている。そして、縄文人の効率的な狩猟採集システムが人口を大増加し、その後の寒冷化によって、食料供給と人口とのバランスが崩れたと指摘する。安田（2017）も、縄文時代中期文化の発展は、クリ・クルミ・トチノキ・ドングリ類などの堅果類の集約的利用の上に成立したと指摘し、自然生態系の人口許容量ぎりぎりに近いところまで達した社会が短期間の気候変化によって、人口許容量が激減し、カタストロフィックな崩壊が引き起こされたと述べている。二人の見解は豊富な堅果類に恵まれた期間の人口増加がかえって、その後の寒冷化の影響を甚大なものにしたという点で共通しており、人口減少の要因は人口圧と環境変化の複合の結果と説いている。ところで、寒冷に伴う堅果類の不作は本当に起きたのだろうか。堅果の実りと気候の関係について引用される文献は並河淳一（1981）が見られるが、クリはともかくほかの堅果類の生産性においても変化を及ぼしたのかは疑いも残る。今後、慎重に検討する必要があると指摘する。

羽生淳子（2015）は三内丸山遺跡において、中期の住居跡減少から推定される人口減少に関して、人口減少に先んじて磨石（木の実をのせて細かく砕く道具）の出現数が増加することに着目し、資源利用の変革が環境変化より先に起きていた可能性を示唆している。すなわち、縄文時代前期後半までの過度なクリへの依存の後に、磨石により粉にしてアク抜きをする必要のあるトチなどの資源への転換が見られると指摘している。この説も効率的あるいは集約的な経済システムによって、人口が増加したところで環境変化に見舞われ、人口減少へと進んだという点で、先の二人の考えと同じであるが、環境変化への応答が社会的な仕組みに制限された可能性を示唆しており、環境変化になぜ適応できなかったのか、その理由を提示している点で重要である。

2　狩猟採集社会における栽培のリスク

農耕の開始が地球規模の寒冷化によって引き起こされたという気候ストレス説について中川（2015）は疑問を提示している。中川は、狩猟・採集民は本来、多様な生物資源を利用できる柔軟性を持つため、気候変動に対して頑健であり、農耕を始めるとかえって食料資源が限られることから、気候変動に左右されるリスクが高まると考えた。したがって、農耕を始める切掛けを気候ストレス説に求めるはおかしいというのである。はたして、寒冷化とともに人口を縮小した三内丸山の縄文人たちは、環境変化に応じて生

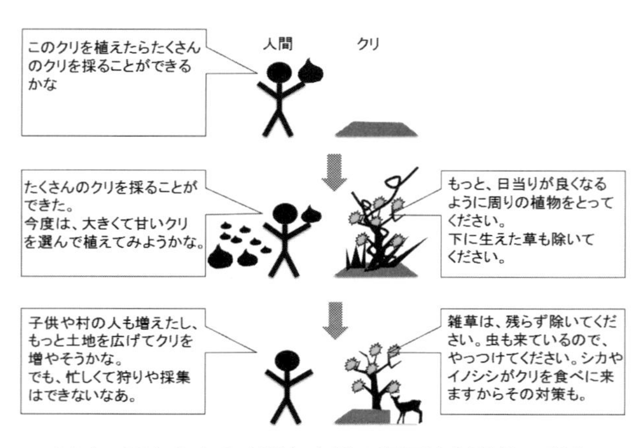

図４　三内丸山の人間とクリの相互依存関係の発達

物資源を利用する柔軟性を持ち得なかったのだろうか。

三内丸山遺跡では、綿密な花粉分析によって、集落内にほぼ純林に近いクリ林が形成されていたことがわかっている（辻 2011）。またそのクリは、佐藤（2003）のDNA分析によって栽培化されていた可能性が指摘されている。本格的な農耕とはいかないまでも、半栽培的な状況にあったと考えることはできるかもしれない。半栽培とは、「野生植物の利用から栽培植物の成立にいたるまでの中間の段階（中尾 1966）」を指す。人間によって集落付近に連れてこられた植物が半ば放っておかれつつ、ときに世話をされる曖昧な関係が長く維持され、人間の選択や環境による淘汰が加わることで植物が野生（自然界で生きていく力）を徐々に失い、飼い馴らされていく過程といえる（図4）。

人間にとって利用･維持するモチベーションが上がれば、世話や管理の度合いも増し、周りの草木を除いたり、実りの良い個体を選抜するであろう。やがて植物は野生から栽培品種へと進化する。一見、人間は首尾よく野生植物を手なずけたかのように思うかもしれない。しかし植物もまた、人間を自分たちの成長や繁殖を手伝う世話役に仕立て上げたといえる。栽培品種はもはや人間の世話無しには育つことができなくなる。その結果、人間はますます世話や管理に追われる。さらに、栽培品種は人間の文化や社会の様々な側面（たとえば儀礼に用いるなど）に溶け込み、一層高いレベルで相互に依存する関係が形成される。この過程は、生物群集における相利共生の進化と似た側面を持っている。強固な共生関係にある種はパートナー種を失うともはや生きていけなくなるのだ。

羽生（2015）の指摘する三内丸山の縄文人の過度なクリ依存は、もしかすると、このような人間とクリとの共生関係が背景にあったのではないだろうか。本格的な農耕を開始するまでもなく、半栽培の状態ですら、人間と栽培植物との相互依存の呪縛は生じてしまう可能性がある。その履歴は三内丸山のクリのDNAに刻印されているかもしれない。もし、そうだとすれば、野生生物を飼い馴らすことは、狩猟・採集社会を崩壊に導く危険をはらんでいるといえないだろうか。

Ⅴ　緑の恵みが生んだ縄文文化

1　縁を生活場所に選ぶ縄文人

縄文時代の遺跡は、台地、河岸段丘、扇状地、また海岸線などの水辺や断層崖など地形的ギャップ（高低差）のある場所に立地することが多い。このような場所は水の得やすさや土地の面積などももちろん関係しているであろうが、決まって異なる生態系が接する場所になっている。こういった土地を縄文人が選んだのは、双方の生態系の資源に効率よくアクセスできる場所に定着したと概ね考えてもよいが、もう少しクローズアップすると、真の境目といえる狭い部分、いわゆる「縁（へり）」に重要な秘密が隠されており、それが縄文人の土地利用に深く関わったと考えられる。

地形のギャップである縁では、傾斜に沿って土壌の水分勾配が生じる。その効果は、地表を覆う植生に如実に現れ、湿った所から乾いた所まで異なる植物が適性に応じて群落を形成する。同様に地形の傾斜に沿って異なる樹木で構成される森林が境界を形成したり、あるいは森林の端が生まれ、林床にあたる光量にも勾配ができる。その結果、地表を覆う植生はさらに不均質で複雑なものへと変化していく。また、縁は常に浸食によって撹乱を受ける。そのことで生育する植物は翻弄されることになるが、中には、そのような不安定な環境であるためにむしろ適応する撹乱適応型の種の侵入する余地が生まれる。こうして見ると、縁は生物多様性のホットスポットとなる潜在性を秘めていることがわかる。一例として、北海道帯広市の若葉の森を取り上げる。

2　若葉の森の生物多様性

若葉の森は、最終氷期にできた十勝川の河岸段丘（平川・小野 1974）の崖に形成したヤチダモやハンノキの優占する湿性林である（図5）。段丘の上面は、もとはカシワの優占する広葉樹林が広がっていた。段丘上には北海道最古級の旧石器時代の遺跡から縄文時代草期～中期の遺跡が点在する。若葉の森の名称は、近くにある帯広市立若葉小学校に由来する。帯広市の市街地の中で唯一、エゾサンショウウオやニホンザリガニが生息する貴重な自然の宝庫である（佐藤・中林 1987）。この森林は、河岸段丘の崖に沿って東西に帯状に続いており、湧水が豊富な土壌の上に森林が形成されている。

若葉の森は春になると、林内に雪融けの水たまりができ、そのほとりでギョウジャニンニク、ニリンソウ、ウバユリなどが芽を伸ばす。林縁の湿ったところではウド、ゼンマイが、やや乾いたところでアキタブキ、エゾエンゴサク、オオアマドコロが、日当りが良く水はけの良いところでタラノキ、ワラビが繁茂する。これらはみな、山菜として食べられる植物である。豊かな恵みは春だけではない。秋になれば、林縁に、ヤマブドウ、サルナシなどのつる性の植物が甘い果実を実らせる。つる植物の多くは林内の奥に

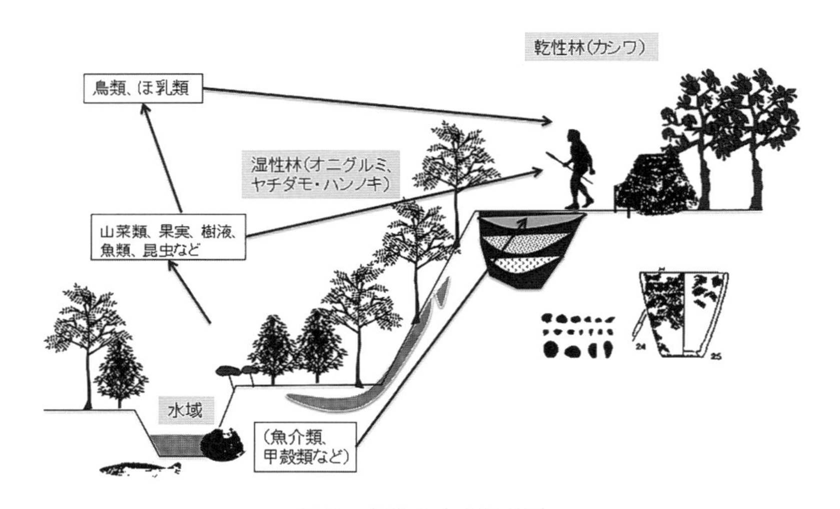

図５　若葉の森の模式図
古代人は河岸段丘の上に居住し、崖下の林縁で様々な動植物を採取した。

は生えない。ほかの樹木をつたい、日光を得るにためは森林の縁に生えるしかない。また、実を食べ、種を蒔く鳥に目立つためにも縁に生育する理由がある。鳥も獣もまた、縁に集まるのである。

ところで、ブドウ科のつる植物は冬季に糖分の高い樹液を生産する。有史古代にアマツラとして重宝されたのはこれらの樹液を煮詰めたものである。縄文人はときに飢えに苦しむこともあった（鈴木 1996）。人間が栄養不足になると真っ先にダメージを受けるのは脳である。脳は栄養を貯蔵できず、また通常ブドウ糖のみを養分にする器官である。即効性の高い高濃度の糖分を得ることは縄文人の生存に役立ったであろう。石橋顕（1988）は、アマツラは日本固有の甘味料で、太古の時代から利用した可能性を指摘している。

このように地形の高低差を契機に形成された、植生のギャップである縁は多様な動植物が狭い範囲で濃密な関係を持つ領域となる。森林の中と外縁を比べれば、縄文人の利用は、必然的に縁に偏るに違いない。この縁を拡大したものが辺である。稲作民となって以後も、日本人がそれぞれの里で得てきた、海辺の幸、川辺の幸、山辺の幸、野辺の幸はみな縁の幸なのである。

図６は、帯広市と東南アジア・ラオス中部との鳥瞰図を比較している。帯広市のある十勝平野はどこまでも平らかなようで広く感じるが、インドシナ半島の平原と比べると狭隘なことがわかる。しかし、日本列島が環太平洋造山帯にあり、激しい火山活動やプレートの移動、断層の発達などによって生み出してきた高低差こそが、縁をつくる基礎であり、多くの縁に囲まれた土地が生まれたことこそ、縄文文明の鍵であると筆者は考えている。縁は、生物多様性を育む場所であり、縄文人の食料資源の獲得場所であり、

図６　北海道帯広市（左）と東南アジア・ラオス中部の平原（右）を Googleearth で同じ高度、角度から見た比較

若葉の森のある市街地と畑作地の境界線が河岸段丘、背景の山は日高山脈（左）。
どこまでも広い平原が続く、河川はメコン川支流のバンヒャン川（右）。

また住処であった。それは、縄文時代の遺跡が地形の高低差の境目を縫うように分布することからも明らかである。地形の高低差によって生じた縁が微細な水と光の勾配を作ることで創出された生物の多様性は、縄文人の生活の基盤であった。縄文人にとって、縁は日々の食材を並べる食卓あるいは市場のようであった。縁は、縄文人の栽培への誘惑を断ち、狩猟と採集の日々を支える舞台となって、１万年にわたる文明を支えてきたのではないだろうか。

矢野（2017）は、縄文時代の人口増減に関して、三内丸山遺跡や中部地域に起こった縄文時代中期における人口急増と急減は全体から見てむしろ稀であったと指摘している。クリの卓越した三内丸山に対し、中期の中部地方では豆の栽培が行われていたことがわかっている。ここでも、豆に強く依存したことで人口が急増し、その後の急減を招いたのではないか。縄文時代の植物栽培の痕跡の発見は、縄文人の生活像を大きく変えることとなった。ただし、それは、全体の中でどのような位置を占めるのか再考する必要がある。全国的には、大部分の地域で、縄文人は自由度の高い柔軟な狩猟・漁撈・採集生活を長く維持していたのではないかと考える。一方で、別の地域でも栽培に依存した生活様式も出現していたかもしれない。それをとく一つの鍵は、人口推定にあるものと考える。

Ⅵ　まとめ

本小稿の結論は以下のようにまとめられる。

環境史研究と考古学的研究との融合によって発達しつつある「環境と人間の関係史」の研究は、未熟な側面を持ちつつも、前時代にあった環境決定論的研究とは異質のものであり、学際的な包括的理論によって構築される。

縄文人の骨コラーゲンによる安定同位体分析は、身体を作った食物の痕跡を数量的に表現できる利点を持つ。また、現代人との比較などを通じて、縄文人の生態学的なニッチの特色を明らかにできる。縄文人の食物は、従来からドングリなどのナッツ類を主要な食物としたと考えられているが、ドングリが食料として成立するための、利益とコストの検討はまだ課題が残されている。

縄文時代の重大なイベントの一つは縄文時代中期頃の人口急増とその後の急減である。気候変動と人口動態をつなぐプロセスには社会変容と人間と生物との種間関係や生態系変化などの要因が複雑に関係しており、それらを包括して説明できる仮説が必要である。

地形のギャップ(縁)は､縄文人とって生活基盤となる食料を生産する重要な場であり、環太平洋造山帯に位置する日本列島は、起伏に富んだ地形が多くの縁を形成した。そのことは縄文文明を花開かせることに強く影響した。

注

1）安田（1990）によると、ハンチングトンの『気候と文明』の説は、植民地化や侵略戦争を正当化する理論に悪用され、第2次大戦後、環境決定論の代表として批判されたという。ハンチングトンと同じ思想の持ち主であるとみなされることを恐れ、日本でも、人間の文化や生活に及ぼす環境の影響を重視する研究をしようという地理学者は急速に減り、またそのような研究テーマは排斥されてきた。

2）岩波講座『日本歴史』（2013）は、前シリーズである岩波講座『日本通史』からタイトルを変えているが、本シリーズにおいても、各時代の政治・経済・社会を総合的に概論する「通史」の問題意識を踏まえていることを巻頭で標榜されている。

3）中静透（2003）によると、「中間温帯林あるいは暖温帯落葉広葉樹林とは、暖温帯の北部から冷温帯のやや乾燥する気候下でむしろ一般的に成立する森林であり、その成立には山火事などの大規模な攪乱や先史時代の人間活動の影響が大きい」という。安田（2009）の指摘のとおり、この時期に温暖化したことはほかの研究からも明らかであるが、中静（2003）は「モミ-ツガ帯の成立する温帯域は中央構造帯沿いにあって､地形的に不安定な山地に多い」という。この事実から、現世のモミ-ツガ帯は、人為撹乱の受けにくい場所にのみ残った可能性を伺わせる。モミ-ツガ帯からコナラ属への植生変化は、気候変化よりも人間活動の増大を反映している可能性もある。

4）還元的ペントースリン酸回路を使って光合成を行う植物の仲間で、C_4 植物とは光合成の仕組みが異なる。C_4 植物の最大光合成速度は C_3 植物よりも高く、飽和する光量も高いため、同位体分別効果に差が生じて、C_3 植物より高い炭素同位体比を示す。

謝辞

本稿を執筆するにあたり、立命館大学環太平洋文明研究センターの主宰する定例研究会をはじめ、研究生活において多くの議論にお付き合いいただき、有意義なコメントをくださった考古学、環境考古学、人類学、地理学の研究者の先達、同僚の皆様に感謝を申し上げます。なお、本研究の一部は人間文化研究機構国文学研究資料館の異分野融合共同研究「料理･調味料の復元と活用に関する研究（研究代表：神松幸弘）」の助成を受けた。

参考文献

ベルウッド・ピーター　2008『農耕起源の人類史』長田俊樹・佐藤洋一郎 監訳、p.580、京都大学学術出版会。
ダイアモンド・ジャレド　2012 『銃・病原菌・鉄』倉骨彰訳、草思社。
枝村俊郎・熊谷樹一郎　2009 「縄文遺跡の立地性向」『GIS—理論と応用』17（1）：63-72
羽生淳子　2015 「歴史生態学から見た長期的な文化変化と人為的生態システム：縄文時代前・中期の事例から」『第四紀研究』54（5）：299-310。
平川一臣・小野有五　1974 「十勝平野の地形発達史」『地理学評論』47（10）：607-632。
藤森栄一　1963「縄文時代農耕論とその展開」『考古学研究』10：2-11。
石橋　顕　1988『幻の甘味料　甘葛煎研究（報告その１）』p.37、小倉薬草研究会。
鬼頭　宏　2000『人口から読む日本の歴史』p.288、講談社。
小林達夫　1996『縄文人の世界』p.227、朝日新聞社。
小泉武栄　2014「自然地理学と人文地理学をつなぐ環境史研究の課題と展望」『自然と人間の環境史』pp.363-384、海青社。
国土交通省　2013『2013 年度 土木工事数量算出要領』。
小山修三・松山利夫・秋道智彌・藤野淑子・杉田繁治　1982「『斐太後風土記』による食糧資源の計量的研究」『国立民族学博物館研究報告』6（3）：363-596。
小山修三　1984『縄文時代—コンピューター考古学による復元』p.206、中公新書。
小山修三・杉藤重信　1984「縄文人口シュミレーション」『国立民族学博物館研究報告』9（1）：1-39。
小山修三　1990『縄文探検』p.283、くもん出版。
工藤雄一郎　2013『ここまでわかった！縄文人の植物利用』p.224、新泉社。
工藤雄一郎　2014「縄文時代草創期土器の煮炊きの内容物と植物利用王子山遺跡および三角山Ｉ遺跡の事例から」『国立歴史民俗博物館研究報告』187：73-93。
日下宗一郎　2012「縄文時代人の食性と集団間移動－安定同位体分析による試論－」『考古学研究』59（1）：92–102。
松井　章　2005『環境考古学への招待—発掘からわかる食・トイレ・戦争—』p.218、岩波新書。
松山利夫　1982「木の実」p.371、法政大学出版局。
増田孝彦･黒坪一樹　2010「ドングリのアク抜き方法に関する一考察」『京都府埋蔵文化財研究論集』6：1-18。
南川雅男　1990「人類の食生態－同位体地球化学による解析」『科学』60（7）：439-448。
南川雅男･柄沢亨子･蒲谷裕子　1986「人の食生態系における炭素･窒素同位体の分布」『地球化学』(20)：79-88。
中川　毅　2015『時を刻む湖』p.128、岩波書店。
中尾佐助　1966『栽培植物と農耕の起源』p.192、岩波書店。
中静　透　2003「冷温帯林の背腹性と中間温帯論」『植生史研究』11（2）：39-43。
那須浩郎　2014「雑草からみた縄文時代晩期から弥生時代移行期におけるイネと雑穀の栽培形態」『国立歴史民俗博物館研究報告』187：95-110。
並河淳一　1981「クリの生産と品質におよぼす異常気象の影響とその対応策」『果実日本』36（6）：58-60。

西田正規　1985「縄文時代の環境」『人間と環境 岩波講座考古学 2』pp.112-164、岩波書店。
奥野　充　2002「南九州に分布する最近約 3 万 年間のテフラの年代学的研究」『第四紀研究』41（4）：225-236。
オッペンハイマー・スティーヴン　2007『人類の足跡 10 万年全史』仲村明子訳、p.416、草思社。
林野庁　2013『森林・林業統計要覧（2013 年度版）』
佐原　真　1987『大系日本の歴史 1　日本人誕生』p.350、小学館。
佐々木高明　1997『日本文化の多重構造』p.334、小学館。
佐藤宏之　2005「総論：食糧獲得社会の考古学」『現代の考古学 2　食料獲得社会の考古学』p.276、朝倉書店。
佐藤宏之　2013「日本列島の成立と狩猟採集の社会」『岩波講座　日本歴史　第 1 巻　原始・古代 1』pp.29-62、岩波書店。
佐藤孝則・中林成広　1987「十勝地方におけるエゾサンショウウオ（*Hynobius retardatus*）の分布及び生息環境Ⅰ．十勝中央部」5：17-28。
佐藤洋一郎　2003「縄文時代におけるクリ栽培」『考古学研究法から見た木の文化・骨の文化』p.165、クバプロ。
佐藤洋一郎　2012『食と農の未来　ユーラシア一万年の旅』p.246、昭和堂。
島田卓哉　2008「堅果とアカネズミとの関係:タンニンに富む堅果をアカネズミが利用できるわけ」『哺乳類科学』48（1）：155-158。
篠塚良嗣・山田和芳　2015「年縞による縄文時代の気候変動」安田喜憲・阿部千春編『津軽海峡圏の縄文文化』pp.49-68、雄山閣。
鈴木　尚　1996『骨―日本人の祖先はよみがえる』p.237、學生社。
高橋　学　2003『平野の環境考古学』p.314、古今書院。
辻清一郎「縄文時代前･中期の三内丸山集落生態系史」『東北芸術工科大学東北文化研究センター紀要』10：37-51。
和田稜三　2003「アメリカ堅果食文化の特色とその地域差」『立命館文學』579：1025-996。
渡辺　誠　1975『縄文時代の植物食（考古学選書（13））』p.247、雄山閣。
渡辺　誠　1986「韓国におけるドングリ食―韓国における考古民俗学的研究」『名古屋大学文学部研究論集史学』32：111-129。
渡辺　誠　1987「韓国における考古民族学的研究―２―日韓におけるドングリ食と縄文土器の起源」『名古屋大学文学部研究論集』98：97-111。
山本直人・渋谷綾子・上條信彦　2016「残存デンプン粒分析からみた縄文時代の植物質食料：石川県の遺跡を対象として」『名古屋大学文学部研究論集 史学』62：51-82。
矢野健一　2017「縄文時代における人口問題の重要性」『環太平洋文明研究』（1）：11-22。
安田喜憲　1980　『環境考古学事始―日本列島２万年』p.270、NHK 出版。
安田喜憲　1987　「最終氷期の寒冷気候についてー南部ヨーロッパとの比較ー」『第四紀研究』25（4）：277-294。
安田喜憲　1990　「日本文化風土論の地平」『日本文化：国際日本文化研究センター紀要』2：171-211
安田喜憲　2000　『大河文明の誕生』p.354、角川書店。
安田喜憲　2002　『古代文明の興亡―古代を検証する〈4〉』p.315、学習研究社。
安田喜憲　2004　『環境考古学ハンドブック』p.724、朝倉書店。
安田喜憲　2009　『稲作漁撈文明―長江文明から弥生文化へ』p.367、雄山閣。
安田喜憲　2016　『環境文明論』p.647、論創社。
安田喜憲　2017　『森の日本文明史』p.400、古今書院。
米田　穣　2013　「同位体生態学でみた縄文時代と現代人」『化学と教育』61（7）：358-361。
Bar-Yosef, O. 1998 The Natufian culture in the Levant, threshold to the origins of agriculture. Evolutionary Anthropology 6（5）：159-177

FAO 2015 Global Forest Resources Assessment 2015

Kitagawa, H., Fukusawa, H., Nakamura, M., Takemura, K., Hayashida, A. and Yasuda, Y. 1995 AMS 14C dating of the varved sediments from Lake Suigetsu, central Japan and atmos- pheric 14Cchange during the late Pleistocene. Radiocarbon 37：371-378

Kitagawa H., Plicht J. 1998 A 40,000-year varve chronology from lake suigetsu, japan：extension of the 14c calibration curve. Radiocarbon 40（1）：505-515

Koyama, S. 1978 Jomon Subsistence and Population. In Mikiharu Itoh（ed.）, SenriEthnologicalStudies 2. Miscellanea（1）：1-65

Ota, Y., Matsushima, M., Moriwaki, Y. eds. 1981 Atlas of Holocene sea level records in Japan. Japanese Working Group of the Project 61（Holocene Sea Level Project）, IGCP pp. 195

PCIA 2011 Shell Foundation、USEPA Test Results of Cookstove Performance

Shimada S., Saitoh T., Sasaki E., Nishitani Y., Osawa R. 2006 Role of Tannin-Binding Salivary Proteins and Tannase-Producing Bacteria in the Acclimation of the Japanese Wood Mouse to Acorn Tannins. Journal of Chemical Ecology 32（6）：1165-1180

Timothy J. and Martin D. 1991 Detoxification and mineral supplementation as functions of geophagy. American journal of clinical nutrition 53：448-456

Ecological studies on resource utilization and land use by the Jomon people (1)

KOHMATSU Yukihiro[1]

Abstract：The demography of the Jomon people in ancient Japan is crucial to the understanding of this society. Ecological theory and methodology are used for explaining the relationship between their environmental and demographic changes. The demographics for the Jomon era show sharp changes in each region of the country compared with other eras; however, these changes are small and show long-term stability across the entire country, which is likely a result of the livelihoods and food habits of these people.

In the present paper, I reviewed the ecological niche of the Jomon people is based on the results of stable isotope analyses presented by Minagawa et al.（1986）and Yoneda（2013）. Acorns, which are regarded as one of the primary foods consumed by the Jomon people, are discussed in terms of the energy spent in acquiring them. For example, if 10 Jomon people consume boiled acorns for one year, 1.2 ha of forest disappear.

The relationship between climate change and rapid changes in the Jomon population may be explained by their excessive dependence on specific foods（chestnuts or beans）. I hypothesize that the cause of collapse of the Jomon civilization was their inflexibility toward hunting and gathering of various resources, which may have resulted from the development of a strong symbiotic relationship between them and the cultivated plants.

Keywords：acorn, demography, ecology, environmental change, habitat edge

1：Ritsumeikan Global Innovation Research Organization, Ritsumeikan University

環太平洋文明研究　第2号　pp.79-86, 2018年3月
Ritsumeikan Pan-Pacific Civilization Studies Vol.2

<研究ノート>

近代京都における市街地の拡大と近郊農村の景観変化

河　角　直　美[1]

要旨　本稿は、近代以降京都において作製された様々な大縮尺地図を活用し、その描画内容を分析することで、京都の近郊農村における景観変遷について検討した。デジタル化・GISデータベース化された近代以降の大縮尺地図を活用することで、一部ではあるが、田畑が市街地化された様子が指摘された。

キーワード：近代京都、市街地拡大、近郊農村、景観変化、大縮尺地図

I　はじめに

1200年の歴史を有する京都には、絵図や古地図はもとより、発掘調査による考古学的データ、絵画、木版画、古写真など、様々な地理空間情報が存在する。さらに、住所などの位置情報をもった過去の各種統計、台帳、日記、古典籍など、過去の景観を復原するための多様な資料を歴史都市京都は有している（矢野・瀬戸2013）。

例えば、小椋純一は洛中洛外図の描画に着目し、京都周辺の山地の植生は長く乏しい状況にあったことを指摘した（小椋2008a）。そこでは、平安京造営以来、京都市街地周辺の植生は破壊され、落葉樹もしくはアカマツの森であったことが述べられている。また、小椋は、明治中期に作製された2万分の1仮製図に着目し、その詳細な植生の描画を読み解くことで、近代京都においても市街地周辺の植生はアカマツで占められていたと指摘している（小椋2008b）。

小椋が仮製図を用いたように、近代の京都では様々な地図が刊行された。陸軍陸地測量部により作製された2万分の1仮製地形図（仮製図、関東での迅速図に相当する）や、2万分の1正式地形図（正式図）などは、明治期に京都を知るための重要な地図となっている。さらに、1922（大正11）年に京都市が作製した縮尺3000分の1の京都市都市計画基本図は、近世京都の骨格とともに、大正期以降の京都の街区が示された貴重な地図であり、景観復原の精緻化の原動力といえる（金田2011）。この縮尺の都市計画基本図は、1929（昭和4）年、1935（昭和10）年、1953（昭和28）年にも修正・作製され、近代京都の発展を知

1：文学部地域研究学域京都学専攻

る上で不可欠な地図となっている。その他、1912（大正元）年に出版された『京都地籍図』など、市域とその周辺を概観する多様な地図が刊行された。

最近では、2010（平成22）年に京都府立京都学・歴彩館において発見された『京都市明細図』が注目される。この地図は、火災保険協会京都地方會が1927年7月より前に作製したものであり、詳細な道路網とともに個々の建物が描画されている（福島ほか2012）。2014年9月には、京都市南区にある長谷川家住宅でも『京都市明細図』が発見された。

近代京都の都市史研究では、こうした地図類も活用されながら、外周道路の整備や土地区画整理の経緯、郊外住宅地の建設など、京都の都市計画の経緯と市街地の拡大とが述べられてきた（高橋・中川2003など）。その一方で、近郊の農村集落は市街地化され、かつての景観が失われた。そこでは、自然環境に対してどのような人間活動が営まれていたのであろうか。都市の近代化とその拡大プロセスが重視されるなか、失われた景観についての言及は多くない。1200年以上の長きにわたり都市が維持されてきた背景には、平安京の周辺においても自然条件に適した土地利用が行われてきた可能性がある（青山2007）。失われた過去の景観についても注視し、その景観の解読を介して人々の営みを知ることは、持続可能な社会を検討するうえでも参考になろう。

本稿は、近代以降の京都の市街地拡大前後に刊行された大縮尺の地図類の描画を辿ることで、市街地が拡大されるなかで失われた景観を復原し、自然条件と土地利用との関係を考えたい。

Ⅱ　近代京都を描いた地図類とそのGISデータベース

本章では、近代の京都市域を中心に描いた地図類について、いくつか確認しておきたい。2万分の1仮製図は、日本初の一般地形図として近代的な測量技術を駆使して作製されたものであり、作成当時の景観が詳細に描かれている。特に、現在の地形図では針葉樹と広葉樹で分けられている植生の記号も、マツやスギといった樹種で区別され、さらに木々の大きさの違いでも分けられた。京都の仮製図は、1887（明治20）年前後の測量に基づいて作製された。後に、三角点基準点網をもとに1909（明治42）年の測量で作製された正式図は、明治末期の京都を描画する地図となっている。

そして、大正11年京都市都市計画基本図は、1919（大正8）年の旧都市計画法の成立を機に、都市計画のための基礎資料として京都市が作製したものである。縮尺は3,000分の1であり、測量・作成は、現在の京都市のほか向日市、長岡京市、大山崎町などを含む、「京都市都市計画区域」の範囲で行なわれた。

「火災保険協会京都地方會製」と記載されている『京都市明細図』は、戦前に東京都など大都市で作成された火災保険図の類と考えられるものである。火災保険図とは、「火災保険特殊地図」、「火保図」とも呼ばれ、保険料率算定のため昭和初期から昭和30年頃まで作られた地図と定義されている[1)]。ただし、これまで確認されている火災保険図の多くは民間の都市製図社製であったのに対し、「京都市明細図」は火災保険協会そのものにより作製された可能性が高い。なお、『京都市明細図』は1927年7月よりも前の大正末期の状況が描画されており（福島ほか2012、山近2015、河角ほか2017）、日本の各都市で作製された都市製図社の火災保険図よりも早い時期に作製されたものである。

大正末期から昭和初期に刊行されたと推定される『京都市明細図』は、全部で288枚あり、その内訳は図面284枚、表紙1枚、索引図4枚であったと考えられている。現在、『京都市明細図』は京都市南区の長谷川家住宅と京都府立京都学・歴彩館が所蔵する。長谷川家は、東九条村の村会議員府議会員などを務める旧家であった[2)]。長谷川家における『京都市明細図』の入手の経緯はわかっていないものの、旧家の一般住宅において発見されたことから、本地図が富裕層に認知され、流布した可能性がある。『京都市明細図』に描画された文字情報は、地番や通り名のほか、学校や役所などの公共施設、社寺、銀行、そして銭湯である。一方、京都府立京都学・歴彩館が所蔵する『京都市明細図』に描画されている建物は、その用途ごとに着色され、事業所の業種や建物階数などが手書きで追記されており、それらは終戦後から1950年頃にかけて施されたと推定されている（福島ほか2012、山近2015）。また、戦後にかけて区画変更があった地区を含む図面には、新たに作製された更新図が上貼され、そこに着色や書き込みが施されている。すなわち、歴彩館の所蔵する『京都市明細図』は、刊行時のものに加筆修正が施されたものであり、戦後の京都の建物用途を示す極めて重要な資料と考えられ、歴史地理学のほか、都市史や建築史の分野で注目されている（赤石ほか2014、辻・大場2012など）。

さて、立命館大学アート・リサーチセンターと文学部地理学教室は、これまで様々なデジタルアーカイブを京都府下の公的機関と連携して行ってきた。先述した、京都に関わる絵画資料・文字資料もデジタルアーカイブされ、データベースとして公開されている[3)]。

地理学教室では、主にGIS（地理情報システム）を基に、位置情報を通じて多様な資料の集積を図ってきた。明治中期以降に作製された仮製図や正式図、京都市都市計画基本図、そして『京都市明細図』についても、すべてスキャニングされた。さらに、ラスタ形式としてだけではなく、地筆や街区などをESRI社のGISソフトArcMapのエディタ機能を用いてトレースしベクタ形式化するなどして、地図類の描画内容についてもGISデータベース化した[4)]。

例えば、合計291枚（図面286枚、表紙・索引図5枚）からなる『京都市明細図』（京都府立京都学・歴彩館所蔵）は、図面1枚ごとに500dpiでスキャニングされた。続いてArcMapを用いて幾何補正したうえで余白をトリミングし、スキャニングされた全ての図面を接合させ1枚のGeoTIFF画像データとした。

こうして、過去の地図類と現在の地図とをGIS上で重ねて比較することがおよそ可能となった。本稿は、京都市都市計画基本図と2つの『京都市明細図』の描画内容について、現在も構築されつつあるGISデータベースを活用して比較し、主に近代以降に市街地化が進んだいわゆる平安京の右京の領域を中心に、景観の変化を検討する[5)]。

Ⅲ　京都の地形環境と明治期と大正期の土地利用

1　京都の自然環境

景観の変遷を検討する前に、京都の自然環境の概要を把握しておきたい。京都盆地は基盤岩の断裂・破壊、上昇・沈降に伴って形成された。約100万年前の断層を伴う曲降運動によってはじまり、特に約50万年前から断層運動が活発化したことで周辺山地が隆起したと考えられている（太田ほか編 2004）。

盆地の底の地形を平安京域に基づきながら詳細にみていくと（大場ほか 1995、横山 1993 など）、桂川と鴨川との間の土地には、その西北に宇多川扇状地、その東に天神川扇状地がある。中央に賀茂川扇状地があり、東北隅から南南西方向へ高野川扇状地が広がっている。この南には高野川が形成した扇状地がある。西南部は桂川の流域にかかる自然堤防帯である。平安宮は、その西北部が天神川扇状地に、東南隅を除く大部分が賀茂川扇状地に位置している。東南隅は賀茂川扇状地の間の低地にかかっており、それは現在の二条城の立地する場所であり、南には神泉苑が位置した。

一方、鴨川は宇治川、木津川と合流して淀川となり、合流地付近もまた自然堤防帯となっている。

このように、京都市中心部は北東部に扇状地が、南西部に自然堤防帯が認められる。京都市の平安京域とその周辺は平らな土地ではあるが、これら複数の扇状地が広がっていることで、北が高く南が低く、緩やかに傾斜している。さらに、古い扇状地は段丘化している一方で、新しい扇状地が京都駅を扇端にして形成されつつある。

2　明治期・大正期における京都の景観

京都の地形条件に対する過去の人々の対応は、仮製図や正式図などに描画された土地利用を読むことで理解できる（図 1）。

仮製図によると、いわゆる左京の領域と鴨東に建物密集地が広がっていることに対して、大宮通以西の右京に相応する地域など、市街地周辺には田畑が広がっていた。仮製図では、水田と陸田の区別がなされているものの、市街地周辺の田はほとんど陸田であった。水田は賀茂川上流付近の西賀茂付近や岩倉周辺、桂川と宇治川の合流付近に確認できる。それに対して、段丘化している金閣寺周辺から仁和寺周辺にかけては、陸田とともに畑地、茶畑も目立っている。

明治末期の正式図においても、右京の領域には田畑が広がっている。そして、仮製図に比べてわずかに拡大しつつある市街地が認められる。具体的には山陰線の開通と、それに伴う二条駅付近における工場の立地といった、大宮通以西への市街地の拡大である。

以上のように仮製図や正式図から確認できる市街地の範囲について、片平は平安時代中期以来のものと指摘する（片平 2007）。平安京の右京の衰退は、982（天正 5）年に書かれた『池亭記』における「右京の荒廃」のほか、平安京前期・中期・後期における施設や貴族の邸宅の立地などからも指摘されている[6]。すなわち、明治維新以降の市街地周辺部の開発は、平安京右京が荒廃して以来の変化であった。

Ⅳ　大正末期から昭和初期の景観変化

1　大正末期の土地利用

現在、京都の市街地は京都盆地を完全に埋め尽くししている。これは近代以降の土地区画整理と工場の立地、住宅地の拡大などが進んだ結果であろう。ここではその過渡期である、大正末期から昭和初期にかけての詳細な景観の変化を確認していきたい。

仮製図と正式図により復原された明治中期から末期における京都の景観は、いわゆる左京の領域を中心にその北部と東側、さらに鴨東側に広がる市街地と、その周囲の田畑であった。大正 11 年の京都市都市計画基本図や大正末期作製と考えられる『京都市明細図』（長谷川家所蔵）を見ても、大きくその状況は変わっていない。御土居もまだ残存している。

図 2 は、大正 11 年の都市計画基本図に描かれている小河川や農業用水などの水系を表

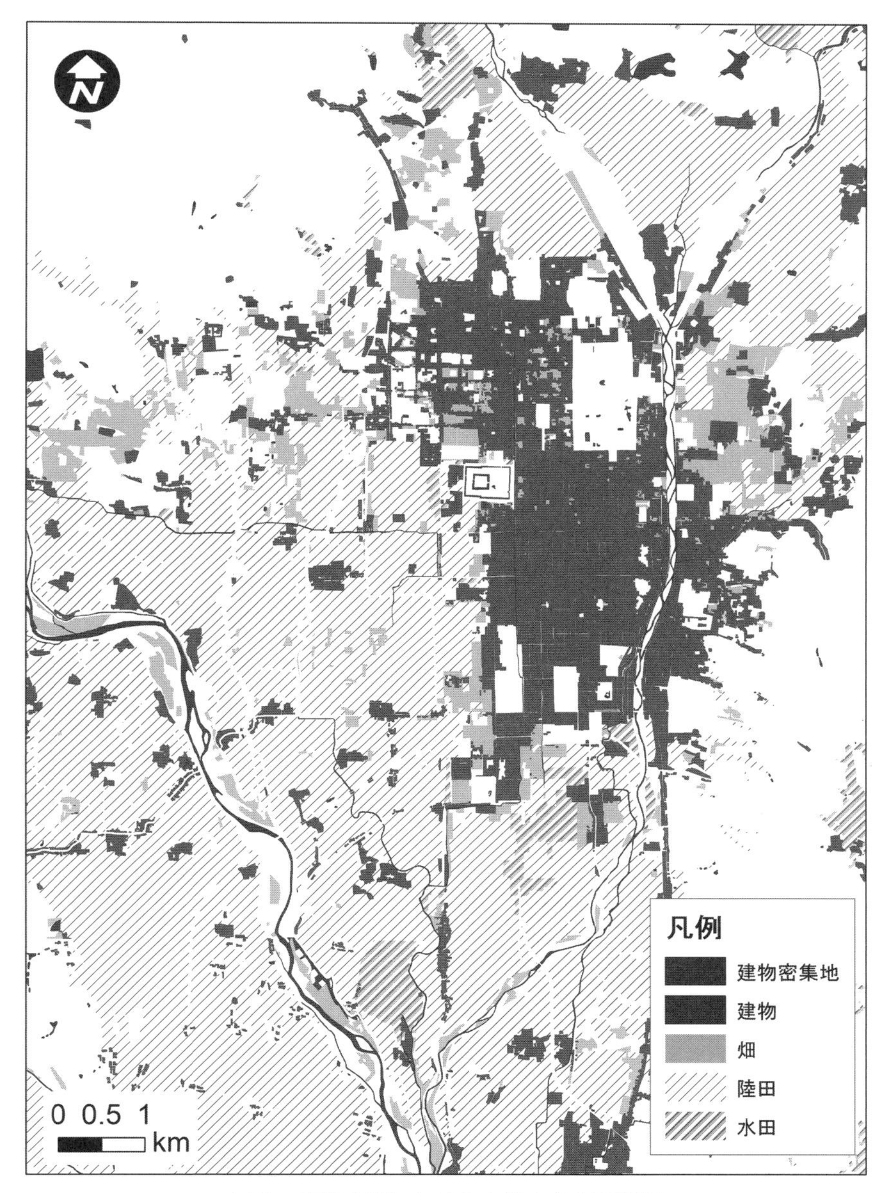

図1　明治中期における京都中心部の概観
（仮製図、立命館大学地理学教室作成GISデータより作成）

示したものである。仮製図や正式図では大まかにしか読み取ることができない水系も、縮尺3000分の1のような大縮尺地図によって詳細に把握することが可能である。図1を参照しつつ図2を見ると、田畑の広がる地域において農業用水などの水系が縦横に伸びていることがわかる。仮製図などで陸田とともに、畑地や茶畑の広がっていた金閣寺から龍安寺周辺など衣笠山の麓では、ため池がいくつか確認される。ため池から延びる水路は、周辺の田畑を潤していたと考えられる。

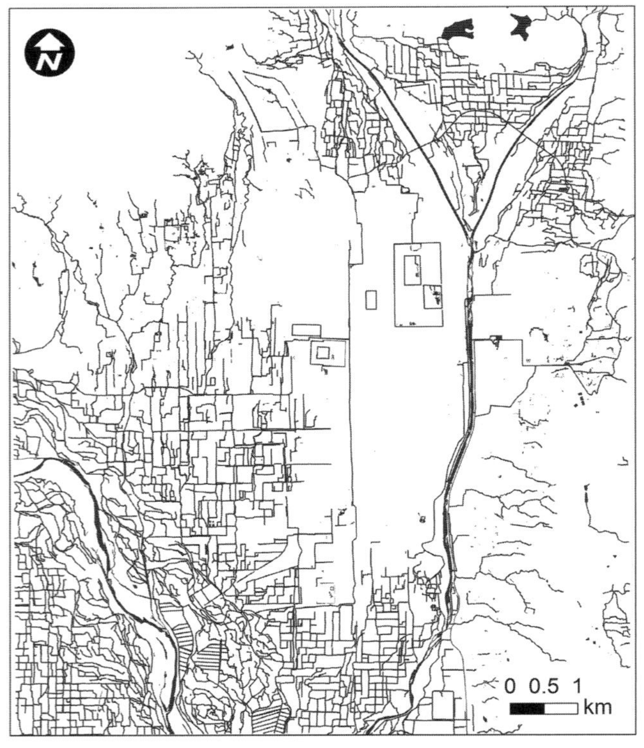

図２　大正 11 年京都市都市計画基本図に描かれた水系
（大正 11 年京都市都市計画基本図、
立命館大学地理学教室作成 GIS データより作成）

付近でも確認される（赤石ほか 2014）。例えば、現在の京都市中京区、西大路通と太子道通の交差点付近では、碁盤目状の整然とした道路が実線で描かれている一方、改修前と後の天神川の流路が描かれている（図 4）。具体的には、旧流路に沿う区画が点線で描かれ、新しい碁盤目状の区画は実線で描かれている。そして、その新しい区画の上に改修後の天神川が描かれている。また、この図への着色は、点線の旧区画や天神川の旧流路、さらに実線の新しい区画を無視し、改修後の天神川に沿って施されている。天神川の旧流路の上に着色された建物が描かれている部分もみられる。

桂川周辺でも、かつての旧河道や農業用水路が失われ、工場や宅地が立地している様子が理解される（図 5）。

以上のように、平安京の近郊農村として、蔬菜を生産・供給するなかで都心部と関わっていたと推測される市街地周辺は徐々に変化した。おそらく、文書類をはじめ様々な史資料を紐解いていけば、それら農村部における歴史に、京都の周縁として機能した実態を知ることができるであろう[7]。京都の地形環境を鑑みれば、自然堤防帯に位置する桂川周辺の水田の分布のほか、段丘化し水源の乏しかった地域におけるため池の分布もまた、自然条件に対応するものであったとえいるだろう。しかし、こうしたため池や水路はほとんど失われてしまい、その景観をイメージすることは難しい。

2　昭和初期から戦後直後の土地利用

昭和 10 年の都市計画図によると、農村景観の広がっていた地域に変化が訪れている様子を確認できる。図 3 のように、西大路通とそれにつながる東西の直線道路が、既存の道路を意識しつつ、あるいは田畑を貫くように計画されていることがわかる。さらに京都府立京都学・歴彩館所蔵の『京都市明細図』をみれば、ため池やそこから縦横に伸びた水路、あるいは農道や土地割といった既存の地割の上にいかに新しい区画が整理され、そこに建物が広がりつつあったかを知ることができる。かつてのため池や農業用水路は埋められたもしくは暗渠となったようであり、その上に建物が立地する。

こうした変化は、天神川が付け替えられた

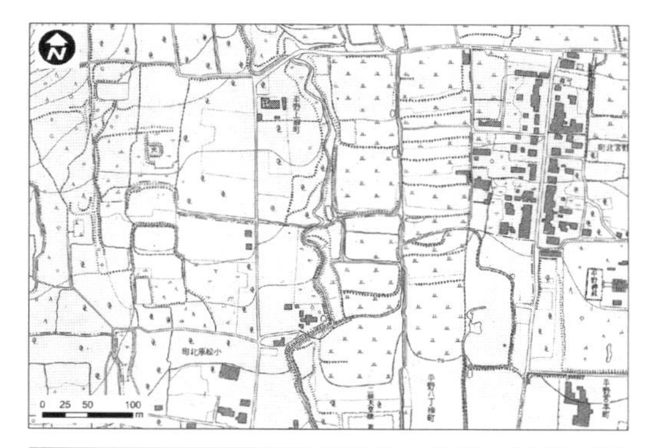

図３　衣笠村周辺の景観変化
（大正 11・昭和 10 年京都市都市計画基本図、『京都市明細図』京都府立京都学・歴彩館所蔵より）

Ⅴ　おわりに

近代京都の都市史では、都市域の拡大が中心的な議論となり、京都市における政治政策の経緯や、建物の広がりといった拡大過程が明らかにされてきた。それに対して、本稿は、集積されつつある近代以降の大縮尺地図のデジタル化と、GIS データベース化を通じて、

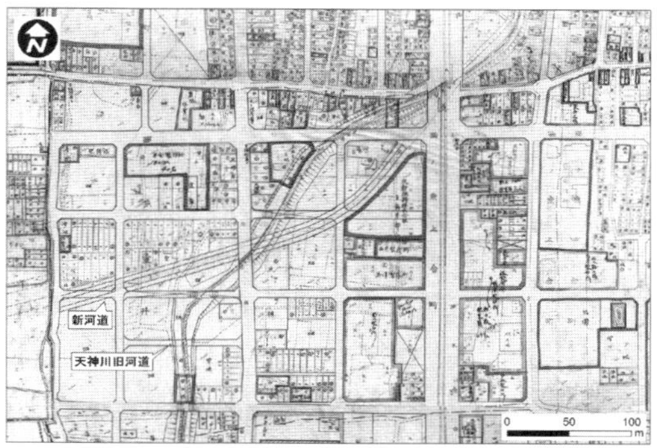

図４　天神川の流路変化
（『京都市明細図』京都府立京都学・歴彩館所蔵に加筆して作成）

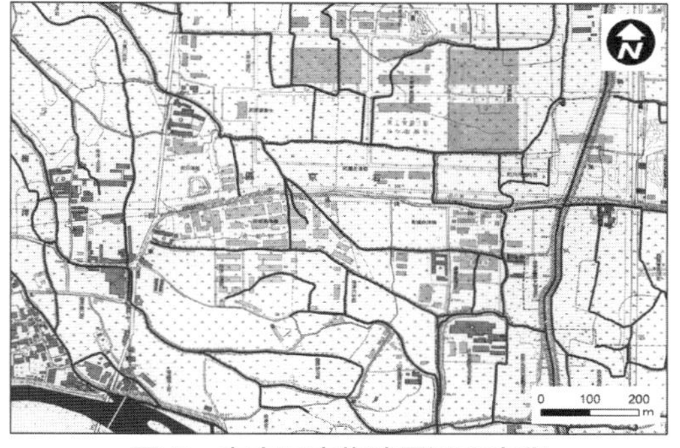

図５　右京区東梅津周辺の変化
（1953 年京都市都市計画基本図、立命館大学地理学教室作成 GIS データより作成）
※濃いグレーラインが、大正 11 年の京都市都市計画基本図に描画された水系

一部ではあるが、かつての農村集落に市街地が拡大されてきた様子を指摘した。

京都における市街地の拡大は、1200 年の平安京の歴史のうち、過去 100 年間の出来事に過ぎない。大宮通より西の洛西地域は、碁盤目状の市街地を中心に描画した近世の絵図類では、その描画が省略されてきた地域である。都市として吸収されていった周辺の地域にも長い歴史があったと推察される。こうした農村地域についても、自然環境に対応しつつ生活を営み、都市住民の生活を支えた地域としてその歴史的経緯を知る必要があろう。測量技術の近代化に伴い、明治維新以降に作製された地図類には、省略や描画の偏りはみられない。近代以降の多様な地図類は、都市部だけではなく、周辺地域の景観復原にも活用できるものと推察される。今後の課題としたい。

注

1）国会図書館 HP の解説文による。
https://rnavi.ndl.go.jp/research_guide/entry/theme-honbun-601014.php（2018年1月31日閲覧）
2）長谷川家住宅については、「歴史・文化・交流の家」HP による。http://hasegawa.okoshi-yasu.net/history.hasegawa.htm（2018 年 1 月 31 日閲覧）
3）立命館大学アート・リサーチセンターは「データベース一覧」として、デジタルアーカイブされた多彩な資料を公開している。http://www.arc.ritsumei.ac.jp/database.html（2018 年 1 月 31 日閲覧）
4）2016 年 3 月より、『京都市明細図』の資料館本と長谷川家本に加え、仮製地形図、正式 2 万分の 1 地形図、大正末期から戦後にかけて刊行された京都市都市計画基本図を Google Map 上に重ねた、『近代京都オーバーレイマップ』を公開した。http://www.arc.ritsumei.ac.jp/archive01/theater/html/ModernKyoto/（2018 年 1 月 31 日閲覧）
5）中谷友樹らは、GIS を利用し、デジタル化された地図を標高データと組み合わせ立体的な景観復原を試みている（中谷・桐村 2007）。
6）（金田 2007）において概要がまとめられている。
7）（中村 2001）では古写真の収集を通して、京都市の岩倉一帯が開発される前の景観について述べている。

参考文献

青山宏夫　2007「平安京西桂川の河道変化と耕地開発―葛野郡班田図から松尾社境内図まで―」金田章裕編『平安京―京都　都市図と都市構造』pp.41-58、京都大学学術出版会。

赤石直美・瀬戸寿一・福島幸宏・矢野桂司　2014「京都市明細図」の記載内容に関する一考察」立命館地理学 26、pp.73-89。

太田陽子・成瀬敏郎・田中眞吾・岡田篤正編　2004『日本の地形 6　近畿・中国・四国』pp.76-80、東京大学出版会。

大場秀章・藤田和夫・鎮西清高編　1995『日本の自然 5　近畿』pp.36-52、岩波書店。

小椋純一　2008a「強烈な人間活動の圧力と森林の衰退―室町後期から江戸末期」（田中和博編『古都の森を守り活かす』pp.47-70、京都大学学術出版会。

小椋純一　2008b「近代化の中での古都の森」（田中和博編『古都の森を守り活かす』pp.71-86、京都大学学術出版会。

片平博文　2007「旧版地形図を読む」矢野桂司・中谷友樹・磯田弦編『バーチャル京都』pp.50-53、ナカニシヤ出版。

金田章裕　2011「歴史地理学と GIS」矢野桂司・中谷友樹・河角龍典・田中　覚編『京都の歴史 GIS』pp.1-19、ナカニシヤ出版。

河角直美・矢野桂司・山本　峻　2017「2 つの『京都市明細図』の概要とその GIS データベースの構築：京都府立総合資料館所蔵本と長谷川家住宅所蔵本」地理学評論 90-4、pp.390-400。

高橋康夫・中川　理編　2003『京・まちづくり史』昭和堂。

辻　晶子・大場　修　2012「京都下鴨における近代の住宅地開発と近代住宅に関する指摘研究」、学術講演概要集 2012（建築歴史・意匠）、pp.909-910。

中村　治　2001『京都洛北の原風景　写真で見る暮らしの百年』世界思想社。

中谷友樹・桐村喬　2007「旧版地形図を見る」矢野桂司・中谷友樹・磯田弦編『バーチャル京都』pp.54-57、ナカニシヤ出版。

福島幸宏・赤石直美・瀬戸寿一・矢野桂司　2012「京都市明細図」を読む―いくつかの素材の提示として―（野口祐子編『メディアに描かれた京都の様態に関する学際的研究　平成 23 年度京都府立大学地域貢献型特別研究（ACTR）研究成果報告書』pp.53-61、京都府立大学。

矢野桂司・瀬戸寿一　2013「地理情報ステムを用いた地理学と歴史学の連携―歴史 GIS の試み」アリーナ 15、pp.13-19。

山近博義　2015「「京都市明細図の作製および利用過程に関する一考察」大阪教育大学紀要第Ⅱ部門 64-1、pp.25-42。

横山卓雄　1993『平安京遷都と鴨川つけかえ』（改定版）pp.161-216、法政出版。

環太平洋文明研究　第2号　pp.87-100，2018年3月
Ritsumeikan Pan-Pacific Civilization Studies Vol.2

<研究ノート>

西日本縄文社会の「弥生化」

矢　野　健　一[1]

要旨　西日本縄文後晩期には約1500年間かけて東から西に人口増加の波が到達し、西日本全域で人口密度と集落密度が増加する。この人口増加の波に乗って、縄文土器の器種構造の非実用性が薄まり、弥生土器に近づく。集落密度の増加は集落定着性の強化の要因となる。マメ類栽培の普及や、土偶、石棒、小児墓の出現、増加も集落定着性の強化と呼応する現象で、水稲耕作導入の基盤として意義づけられる。

キーワード：縄文、弥生、縄文農耕、土器棺、石棒

Ⅰ　はじめに

「縄文から弥生へ」の問題は、縄文文化から弥生文化、あるいは縄文時代から弥生時代への移行の問題である。また、短期間における変化を想定して議論されてきたが、筆者は縄文文化が「長期的過程」を経て水稲耕作導入に至った経過を考える必要性を論じてきた（矢野2016・2017a・2017b）。筆者は基本的には九州から本州西部を含む広域的な土器型式分布圏が安定的に維持された状態で水稲耕作が導入された点を重視しており（矢野2017a）、広域的な人口規模の維持を継続させようとする縄文社会の意志が食料を安定的に生産する必要性を増加させ、結果的に水稲耕作導入に至るのだろう、と考えている。

本論では、土器型式圏の推移を軸に、これ以外の縄文社会の諸現象を関連させて、縄文社会、特に西日本縄文社会が食料の安定的な生産を必要とした理由と経緯、その結果として水稲耕作導入に至った経緯についての概略を「長期的過程としての『縄文から弥生へ』」と名付けて簡単に述べたが（矢野2017b）、改めてこの点を論じたい。縄文社会は突然、弥生化したのではなく、縄文社会の歴史の中に長期におよぶ潜在的な現象としての「弥生化」を見出すことができる。本論ではその要点を述べたい。

なお、縄文後期の細分については研究者間で差がある。本論では近畿地方の土器型式を基準に次のように区分した。

後期前葉：中津式・福田K2式
後期中葉：四ツ池式・北白川上層式
後期後葉：一乗寺K式･元住吉山式･宮滝式･滋賀里Ⅰ式

1：立命館大学

Ⅱ 「縄文から弥生へ」の問題における縄文農耕論の意義

「縄文から弥生へ」の問題は、いつ朝鮮半島など日本列島外から農耕民がやってきたのか、その規模はどの程度なのか、という問題を軸として論じられてきた。農耕民の渡来が十分に確認出来ない段階において水稲耕作の存在が問題になる場合でも、外部からの水稲耕作の導入を念頭において論じられてきた。すなわち、水稲耕作の導入を問題にする限り、「縄文から弥生へ」の問題は、日本列島外からの農耕技術の導入を前提として伝播論の立場から議論が行われてきた。この「縄文から弥生へ」の認識は、人間集団の移動と交雑、土器の形態や種類および製作技術、石器や金属器などの遺物全般、環濠集落などの集落形態、墓制や精神文化に関わる要素など、水稲耕作導入だけではなく、これに付随する短期間における文化全般の変化を体系的に説明してきた点に特徴がある。このような「縄文から弥生へ」の問題の把握の仕方を「短期的過程」としての「縄文から弥生へ」の議論と位置付けたい。

このような認識に対する異論として機能してきた考え方が「縄文農耕論」である（藤森1970）。藤森栄一は焼畑などの原始農耕の存在を稲作導入以前に想定し、雑穀や根茎類など稲以外の栽培植物の存在を念頭においた議論を展開した。また、中尾佐助は中国南部から日本列島に至る照葉樹林帯の農耕文化を「照葉樹林文化」と呼び、その農耕の発達段階を図式化し、水稲耕作にいたる過程を長期的に展望した（中尾1966）。藤森の縄文農耕論と中尾の照葉樹林文化農耕発展段階論に強く影響を受けたのが「照葉樹林文化論」であり（上山編1969、上山ほか1976）、これも短期的過程としての「縄文から弥生へ」ではなく、「長期的過程」としての農耕化の過程、すなわち「縄文から弥生へ」の認識を目指したとみなすことができる。長期的な農耕の発達過程として縄文時代と弥生時代を総合的に把握したのである。

しかし、縄文農耕論も照葉樹林文化論も農耕に注意を集中したにもかかわらず、なぜ農耕が必要だったか、という説明を欠いていた。照葉樹林文化論も照葉樹林という植生の一致を文化の同一性の理由に求め、日本列島の東西で植生が異なることを重視し、日本列島の北からのルートと南からのルートを想定して農耕文化が日本列島の東西に伝播したという伝播論に収束していった（佐々木1991）。原始農耕の段階を経て水稲耕作の導入へと至る過程に注目する議論は、本来ならば農耕技術の進化を必要とした文化の推移という自律的かつ内的な変化に着目した議論であるはずである。このような議論が日本列島で成熟しなかった原因として、縄文農耕の存在を肯定しても、結局のところ水稲耕作に必要な稲の故地を日本列島外に求める必要があり、伝播論を意識した議論にならざるを得なかったことも一因と考えられる。

しかしながら、水稲農耕という技術を外部から導入することと、水稲農耕を必要とする要因は別である。つまり、それまでの原始的な農耕では不十分でより食料生産の質を高める必要が生じた場合、原始的な農耕を自力で発展させることができればそうするだろうし、それが困難な場合や日本列島外部から高度な農耕を導入することが可能であれば、それを導入しようとするだろう。つまり、日本列島外部から水稲耕作を導入したことはそれを必要とした結果であって、なぜそれを必要としたかは伝播の問題とは別に議論する必要がある。しかし、縄文農耕論や照葉樹林文化論にはこの点に関する十分な説明がなかった。

最近、マメ類などの土器表面の種実圧痕の成果の蓄積に基づいて、縄文人を「狩猟・栽培民」と位置付ける小畑弘己（2015）は日本列島における農耕化の過程を後期旧石器時代から弥生時代まで6期に区分し、縄文時代は食用植物の栽培を開始した後に、マメ類の栽培を開始し、それが全国的に拡散し、やがて「大陸的穀物」（アワ・キビ・ムギ・イネ）が伝播し、その後の水稲耕作の導入に至るという、段階的変化を述べた。この議論はこれまでの縄文農耕論や照葉樹林文化論における認識を更新する日本列島における農耕発展段階論である。そのような段階的変化が生じた理由について、小畑（2011）はD・Q・Fullerらの人口増加と農耕の発達との関係についてのモデルをあてはめようとしている。これは農耕技術の発達が人口増加を生みさらなる農耕技術の発達を促す、という農耕の自律的発展の視点であり、日本列島でも中国でも、あるいは世界中で該当するはずの、いわば抽象的なモデルとしての枠組みであって、実際の歴史の経緯から論じる必要が課題として残っている。

藤森が唱えた縄文農耕論は本来、水稲耕作以外の畑作の起源としての原始農耕が縄文時代に存在したことを主張することにあったはずだが、これは日本列島固有の歴史の中に、縄文時代固有の歴史の意義をより重視する形で明示しようとすることに他ならない。そのためには、縄文時代を通じて農耕の質量の拡大がなぜ生じたのかを説明しない限り、マメ類の「発見」によって新視点を得た新「縄文農耕論」も、その本来の意義を十分に生かすことはできないだろう。逆に、縄文農耕の発達した理由を説明できれば、その延長線上に水稲耕作導入の理由を説明することも可能になるはずである。

Ⅲ　縄文後晩期の西日本縄文文化の変化

山内清男（1939）が早くから指摘したように、弥生文化には縄文文化の要素が継承されている。弥生時代の出発点とは縄文時代の到達点に他ならない。そうであれば、縄文文化は徐々に「弥生化」に向かった過程を経たはずである。ここでは、その縄文文化の到達点、すなわち水稲耕作の導入時の縄文文化の特徴のうち、重要と考えるものを列挙し、それらが生じた過程と要因を関連付けて意義づける。

1　土器の器種構造の共有と土器分布圏の広域性の維持

最も視覚的に明快な形で弥生化を示すことができるのは土器型式の構造とその分布圏である。まず、土器型式の構造上の変化を指摘したい。縄文土器は一般的に波状口縁や突起、過剰な装飾に代表される非実用性が、弥生土器など縄文土器以外の土器にはあまり見られない重要な特色である。日本列島外の東アジアの土器に、縄文土器ほどの非実用な装飾が過剰な土器はない。また、この非実用性的な過剰な装飾は縄文土器の個別型式を超えて、縄文土器一般に広く認められるという点で、縄文土器の広域的な共通性を裏付ける特徴ともなっている。

過剰な装飾は縄文中期に頂点に達する観があるが、縄文後期以降、装飾が過剰な精製土器と実用的な粗製土器の二分化が定着していき、土器の精粗二重構造が普及する。西日本では粗製土器は全体の8割程度を占めるようになる（矢野1994）。いったん精粗二重構造が定着した後、縄文時代後期末晩期初頭から深鉢の粗製化が進み、精製土器は浅鉢に限定されていく。精製土器の系譜にある浅鉢も晩期後半の突帯文期には激減していく。このように、縄文後晩期の西日本縄文土器は、①精粗二重構造の定着、②深鉢の粗製化、③精製器種としての浅鉢の減少、という3段階を経て、弥生土器と共通する器種構造に近づいていく。大きく見れば縄文土器の非実用性が減少し、実用的な弥生土器の器種構造に近づいている。

この器種構造を共有する土器型式分布圏の広域的な共通性は縄文後晩期には東から西に拡張しながら維持される。縄文中期まで縄文土器の分布圏は流動的である（矢野 2005）。縄文早期前半の押型文土器のように本州西部から九州地方にかけて広域的な共通性を有する時期もあれば、縄文早期後半のように九州地方、近畿北部から山陰にかけての地域、近畿～東海にかけての地域が個別の土器型式の特徴を有したりして、流動的に分布圏が変化する。縄文中期においても船元式が近畿地方から九州地方南部まで分布を広げた後は、並木式や阿高式など九州地方中心の土器型式圏と近畿～中四国地方中心の北白川Ｃ式類似の土器型式圏がほとんど土器型式圏相互の交渉がない状態を維持する。本州西部から九州地方を含む西日本全体の一体性が出現したり消失したりして、広域的な一体性が長期間維持されないのである。

しかし、縄文後期以降、中津式が九州に影響を与えて九州地方にも精粗二重構造の器種構造が徐々に浸透するにつれ、本州西部と九州地方との一体性が維持され、縄文後期後葉以後は九州中南部から近畿地方までの西日本全体が基本的には一体的な広域性を維持するようになる。この広域性が縄文晩期の突帯文土器の広域性に連続し、それが弥生前期の広域的な土器型式圏を生むことになる。このような土器型式圏の広域性の維持は広域的な集団のネットワークの維持を示しており、そのネットワークが水稲耕作が短期間に波及する前提となるはずである。このネットワークは縄文後期以降、土器の精粗二重構造の浸透が九州南部に及ぶまでの長期間にわたって徐々に形成されていったものである。

2　広域におよぶ人口増加の波と平均人口密度の増加

この土器分布圏の広域性の維持を可能にした要因は、西日本において縄文中期末から後期後葉にかけて生じた人口増加である。人口増加はまず、近畿地方で縄文中期末の北白川Ｃ式期に生じた。これは三重・福井など近畿地方よりも近畿以東の中部地方においての増加が顕著なことからもわかるように（矢野 2004）、中部高地などからの人口移動によるものである。周知のように、縄文中期末の近畿地方にはそれまでの船元・里木式とは異なり中部・関東地方と共通性の高い北白川Ｃ式が出現する。

住居数や遺跡数からみて、瀬戸内地方で人口が増加するのは近畿地方より１段階遅れた後期初頭の中津式期である。この時、近畿地方の人口はやや減少するので、瀬戸内地方の人口増加は近畿地方からの人口移動を含むものであることが推測できる。磨消縄文を特徴とする中津式は九州北部まで波及するが、福岡・大分両県で人口増加が観察されるのは中津式の段階ではなく、さらにこれより遅れる後期中葉の小池原上層式から鐘崎式にかけての時期である。この時、瀬戸内地方の人口はやや減少気味であり、後期中葉の鐘崎式の人口増加は瀬戸内地方からの人口移動を含んでいることを推測できる。

熊本県で人口が増加するのは鐘崎式より１段階遅れる北久根山式の段階である。九州地方では、このように後期中葉に九州南部まで人口増加が確認できた後は、後期後葉ではどの地域でも人口が維持されるか、やや減少傾向にある（林 2008、第 18 回九州縄文研究会熊本事務局 2008）。福岡県については、第 18 回九州縄文研究会事務局（前掲）のグラフが林（前掲）の福岡県住居集成の数を反映していないと判断するので、林（前掲）の集成から筆者が計算した結果、上述の傾向を確認した。これは人口移動による人口密度の増加が各地域で平均化されていくときに生じる現象であると考える。その後、後期末葉から晩期初頭において熊本県で人口が急増し、まもなく急減するが、この熊本県での人口急増急減は、これまでの人口移動の波とは異なる現象と考える。以上のように、中期末初頭（紀元前2900年頃）から後期後葉初頭（紀元前1400年頃）にかけての約1500年間かかって、人口増加の波が近畿地方から西に移動していき、最終的に九州南部に至って人口増加の波がおさまり、人口密度の平均化が進むという状況が想定できる。

この長期に及ぶ人口増加の波動は長期間に及ぶ漸移的な人口移動の結果であることは明白である。人口移動の過程が長期に及ぶのは、一挙に生じる集団の移住では説明がつかず、長期に及ぶ世代を超えた人口分布の変化、たとえば、隣接地域間での婚姻関係に基づく転入転出のわずかな差が累積されていき、人口移動として観察されるような状態が想定できる。つまり、婚姻とは集落間、地域間での成人の転入転出を伴うので、その転入転出の差がわずかであってもプラスに振れるか、マイナスに振れるかで人口が変化していくことになるはずである。近畿地方で一時的に急増した人口は周辺地域、特に人口が少ない西方に数百年間かけて徐々に人口が移動して、瀬戸内地方など近畿地方に接する西方の地域の人口が増加し、さらに人口が増加した地域の集団が新たに西方の地域とも婚姻関係を増加させていくことにより、漸移的な人口移動が生じたはずである。

後期中葉には、これと同様の数百年間におよぶ漸移的な人口移動が人口の増加した中四国地方と九州北部との間で生じたはずで、その後九州北部と九州南部との間でも生じ、最終的に隣接地域間の人口格差が縮小していき、東から西へ進んだ人口増減の波がおさまっていった。その結果、当初、近畿地方で生じた人口増加の波が約1500年間かけて九州南部まで到達し、結果的に本州西部から九州全域を含む西日本全体の平均的な人口密度が増加したことになる。この人口密度の増加は後述する集落定着性の増加の根本的要因となる。

3　東から西への文化要素の波及と隣接地域間の関係強化

(1) 石囲い炉

この人口増加の波とよく一致して東から西へ伝播するのは石囲い炉である。石囲い炉は縄文中期末に近畿地方に出現し、中期末の間に近畿地方から中四国地方に波及する。中四国地方においても東部で早く出現し、西部で遅れて出現する（幡中2017）。中四国地方で出現する石囲い炉は住居の形状や土器型式からみても近畿地方の影響を受けたものである（千葉2013）。その後、後期中葉の小池原上層期に九州北部の大分県・福岡県に出現し（小池2008、林2008）、後期後葉の三万田式期に九州南部の熊本県に波及する（師富2008）。この長期間に及ぶ石囲い炉の伝播の状況は、縄文後晩期の人口増加の波の進行とほぼ一致しており、長期に及ぶ人口移動によってもたらされたものといってよい。伝播の過程は長期に及ぶので、近畿地方中期末の石囲い炉と九州地方北部後期中葉の石囲い炉は形態が異なっているし、近畿地方では後期になると石囲い炉は減少する傾向にある。また、宮崎県や鹿児島県では事例数が非常に少ないなど、地域差を考慮する余地も大きいが、文化要素が隣接地域間での漸移的な人口移動によって漸移的に伝えられていく事例として、矛盾なく説明できる。

(2) 土器棺（埋設土器）

東から西に伝播する文化要素として土器棺

(埋設土器)もあげることもできる。土器棺(埋設土器)は石囲い炉より早く中期後半に近畿地方に登場するが、中四国地方と同様、後期前葉に一般化する。九州北部では後期前葉に出現し、九州南部では後期後葉の西平式期に増加する(山田 2008)。石囲い炉ほど整然とした伝播ではないが、出現と増加の時期が西より東が遅れる点は共通し、各地域で増加する時期も人口増加の波が通過する時期と重なる。石囲い炉と最も異なる点は、土器棺(埋設土器)はいずれの地域でも出現、増加してから、いったん減少し、その後、晩期中葉以降に九州地方北部から本州西部にかけて、再び土器棺(埋設土器)が出現・増加する点である。最初は正位主体、2度目に横位主体のものが波及するという点で、土器棺(埋設土器)の2度の波及は質の違うものであり、ここで問題にしている人口増加の波の移動とおおむね一致するのは後期における正位主体の土器棺(埋設土器)の波及である。

(3) 打製石斧

打製石斧の普及度については、特に中四国地方や近畿地方では遺跡による差が激しい(矢野 2004、山本 2005)。近畿地方では縄文中期末に打製石斧が多い遺跡が少数存在するものの、後晩期に打製石斧が多い遺跡は一般的ではない。中四国地方では近畿地方よりも普及しており、後期中葉の彦崎 K1 式期には打製石斧の数が多い遺跡が増加する(千葉 2013)。九州北部でも打製石斧の数が多い遺跡が出現・増加するのは中四国地方にやや遅れる後期後葉の北久根山式期である。熊本県では九州北部よりも遺跡の増加期が遅れるのに応じて、打製石斧の増加もこれより遅れる。このように、打製石斧の東から西への波及は、人口増加の波の移動と整然と一致するわけではないものの、東から西にかけて波及が進み、後期中葉から後葉に九州全域に波及するという点では矛盾するわけではない。

西日本後晩期の打製石斧についてはこのような東からの伝播で出現したものではなく、朝鮮半島からの影響で出現したとみなす説(幸泉 2008、小畑 2011)もある。しかし、後期における西日本各地域での出現状況を見る限り、その可能性は低いと考える。

(4) 土偶

後期前葉の中津式・福田 K2 式期に分銅形土偶を中心とした土偶が近畿地方から福岡県・大分県にかけての地域に分布し、東九州では後期後葉初めの西平式期に増加した後、九州中南部にやや遅れて出現・増加する(大野 2005)。大野(前掲)によれば、後期後葉に九州中南部に分銅形土偶と共に出現・増加する土偶には人形土偶も含まれるが、これは後期後葉初めの一乗寺 K 式期に近畿地方に出現したものがほぼ同時期に中四国地方から東九州に波及し、その後やや遅れて九州中南部に波及するものである。このように土偶の東から西への波及は後期前葉の分銅形土偶の波及と後期後葉の人形土偶の波及という2段階の波及が認められる。人口増加の波の移動と一致した様相を示すのは最初の分銅形土偶である。

(5) 文化要素の波及と人口増加の波

これらの石囲い炉、土器棺(埋設土器)、打製石斧、土偶といった文化要素は九州地方における磨消縄文土器の波及の様相と関連付けて論じられたり(前川 1972、田中 1980)、「東日本文化複合体」として東日本から西日本への文化の波及の問題として主張されてきた(渡辺 1975)。これに対して、筆者は九州地方における文化要素(特に石囲い炉や土器棺)の波及が近畿地方に比べてかなり遅くなるのに対し、土偶や打製石斧はそれほどの時間差がないことから、細かく見れば文化要素の種類によって伝播の状況がずれることに注意し、一時的な影響によって波及したという見解を批判した（矢野 2005）。しかしながら同時に、九州北部で遺跡が急増する後期中葉の鐘崎式期に九州北部におけるこれらの文化要素の出現・増加が集中する傾向にあることにも注意した。この鐘崎式期にはすでに述べた様に九州北部で住居数が急増し、人口も急増していることが推測できる。しかも、鐘崎式は磨消縄文土器といっても九州独自の文様モチーフを有し、独自性が強い土器型式であり、鐘崎式成立以前に本州起源の土器型式の影響を受けてはいるものの、その影響を脱して成立した土器型式である。磨消縄文という手法の波及を集団が短期間に大挙して移住するような形では説明できないので、土器型式以外の文化要素の波及も集団の移住に伴いセットとして伝播するような状況も想定しがたいのである。

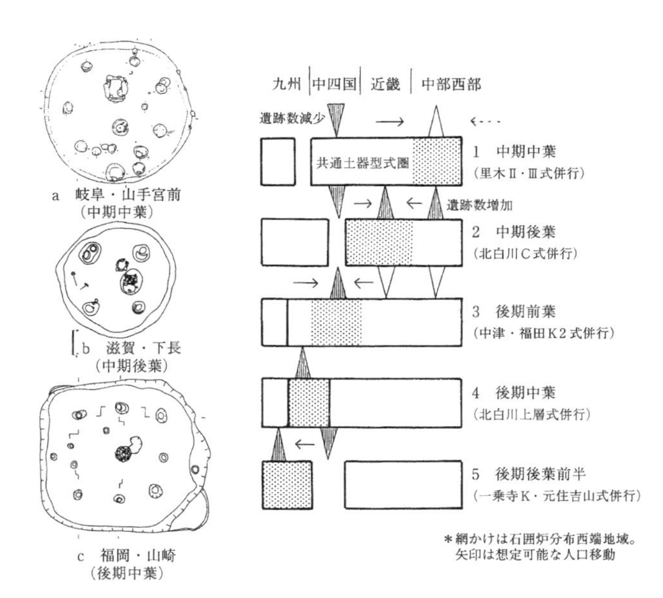

図1　石囲い炉の波及と人口増加地域の移動（矢野 2002）

石囲い炉が波及する地域への人口の移動は長距離かつ長期間に及ぶので、一時的な移住ではなく、短距離かつ小規模な人口の移動の累積によるものであることが想定できる。これを模式化すれば図1のようになる（矢野 2002）。横方向の矢印が示す人口移動の実態は、前述したような隣接地域間の小規模な移動および隣接地域間の婚姻関係による転出者数と転入者数の差の累積によって人口が長期間かけて漸移的に移動することを想定している。図1で示した三角形（人口増加）と逆三角形（人口減少）はそのような隣接地域間の転入者数と転出者数の差による人口増減を意味している。このイメージはあくまで前述したような住居数の増減（および遺跡数の増減）から推測される相対的な人口増減を図化したものである。

筆者のこのような想定が正しいとすれば、石囲い炉だけではなく、土器棺（埋設土器）、打製石斧、土偶が東から西に、おおむね後期中葉に九州北部で出現または増加し、後期後葉に九州中南部で出現または増加するという点で長期間かけて増加するという現象が説明できると考える。それぞれの文化要素は隣接地域との人的なネットワークの強化によって伝播していったものであり、単なる情報の波及による伝播ではないし、集団の一方向的かつ一時的な移動に伴う伝播によるものでもない。それぞれの文化要素の特性や各地域における必要性に応じて伝播の時期に多少のずれが生じるが、人口増加の波が東から西に移動するのに応じて隣接地域間の人的ネットワークが本州西部から九州全域にかけて維持される後期後葉には、西日本全域で各文化要素は数の程度では各地域ごとに差が見られるものの、共有されるようになる。

4　西日本全域における人口密度の増加と集落の定着性の増加

前述したように本州西部から九州地方にか

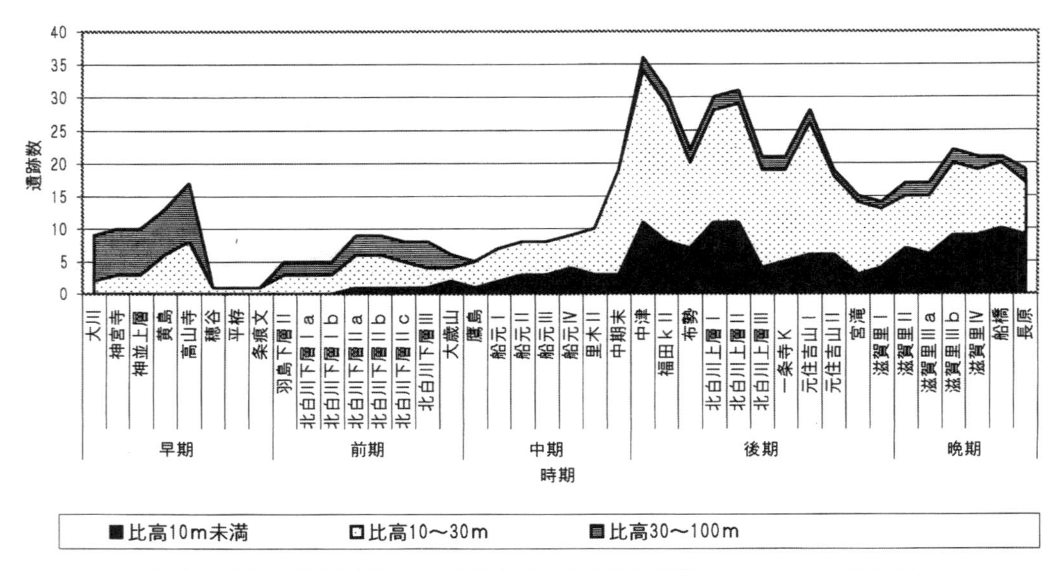

図２　兵庫県播磨地域における縄文遺跡の立地の推移（平田 2003、一部改変）

けて、約 1500 年間かけて人口増加の波が及んだ結果、西日本全域で人口密度の均等化が進むと同時に人口密度が高くなった。もちろん、人口増加の波が及ぶ地域での人口増加は、その周辺地域からの人口移動を推定できる場合が多いので、その周辺地域における人口減少も想定できる。しかしながら、人口減少が想定できる地域でも、必ず人口増加の波が及んでいるので、縄文後晩期には西日本全域のどの地域でも人口が増加し、その増加した人口が長期間維持された。このことは住居数や遺跡数の変化を示す種々のグラフで確認できる（矢野 2002・2004）。

この人口密度の増加は、単なる人口の増加だけではなく、集落立地の変化も影響している。近畿地方では、縄文中期末から後期にかけての集落は低地で増加する（高松・矢野 1997、平田 2003、図 2）。中四国地方でも同様の傾向が確認されている（千葉 2013）。北部九州においても貝塚や低湿地貯蔵穴が後期以降増加することがわかっており（水ノ江 2013）、低地への進出が進む。熊本など九州中南部は、縄文後期後葉での遺跡の急増は台地上でみられるが、低地での遺跡が減少する傾向が確認できるわけではない。このように、縄文後期の西日本では、集落の立地が低地の河川付近に集中する傾向がある。この河川付近の低地には堅果類の樹木が繁茂しており、低地が主要な生活圏であった。縄文後晩期には、水田を開発することが可能な土地が主要な生活圏だったのである。この立地上の制約は、見かけの人口密度の増加以上に、低地での人口密度を増加させたはずである。

この人口密度の増加は、集落規模を増加させたわけではない。西日本の縄文集落は基本的には数棟以下の小集落である（矢野 2009、千葉 2013）。九州地方でも 1 時期の集落景観は基本的には数棟以下の場合が多いとみている（矢野 2002）。このように、集落規模に制約があるので、西日本における人口密度の増加は基本的には集落密度の増加に直結する。集落密度が低い場合は、集落は生業経営に失敗しても、別の場所に移動して再起を図ることができるが、集落密度が高い場合は移動による再起が困難になる。したがって、集落がその地域、その場所に定着する期間は長くなるはずである。縄文後期後葉に特に本州西部で増加する「大規模葬祭空間」（岡田2005）は墓や墓に関連する祭祀遺構が多数集中する遺跡の呼称だが、これを複数集落による共同施設とみなすにせよ（岡田前掲、大野2008）、単独集落に付随するものとみなすにせよ（矢野2009）、集落または集落群の継続によって成り立つ施設であり、その地域における集落定着性の高さを象徴している。集落定着性の高さは特に水田を開発することが可能な低地において実現していた。そのことは水田の導入を可能にする前提となったはずである。

5　土偶・石棒の増加と小児墓の増加

土偶の出現増加の様相はすでに述べた。石棒については、後期前葉に大型石棒が近畿地方と中四国地方に出現し、その後、後期後葉に近畿地方から九州地方にかけての本州全域で小型の石棒・石刀・石剣（「小型石棒類」と総称する）が出現・増加する（幡中2010、中村2011、深田2011、水ノ江2011）。この小型石棒類の出現・波及の様相は、おおむね人形土偶と共通している。後期後葉は集落定着性の高さを象徴すると考えた「大規模葬祭空間」が出現する時期でもある。

土偶にせよ、石棒にせよ、基本は出産や豊穣といった生命力の性的象徴をかたどったものであり、出産や子孫の繁栄もしくは豊穣に関する呪物と考えられている。縄文時代全般を通じて見れば、土偶も石棒も種々の形態が通時的に変化していくので、おそらくは多義的な用途を有していたのだろう。谷口康浩（2017）は生殖を象徴する石棒は父系出自の祖先観念の発達と関係すると考えている。

ここで問題にする後期後葉の西日本に限ってみれば、人間の生死にかかわる呪物、すなわち出産や子孫の繁栄に関する呪物として用いられた可能性が高いのではないかと考える。その理由は、土偶・石棒の増加が土器棺の増加と対応するからである。縄文後期を通じて、土器棺（埋設土器）が波及していくが、この多くは小児墓とみなされているものである。小児墓が普及するということは集団における小児の生命の価値が高まったことを意味する。小児の死亡率の高さは縄文時代を通じて大きく変化しないはずなので、小児の死が問題になるのは、そのことによって集落人口の減少ひいては集落の断絶が以前より重大な問題として集団の課題になったからではないかと考える。ただし、近畿地方では、土器棺（埋設土器）は後期後葉から晩期前葉にいったん減少し、土偶・石棒の増加と相反する。これについては、小児が土器を用いずに埋葬される場合も増えた可能性を想定する余地はあるだろう。その後、晩期中葉・後葉において九州地方でも近畿地方でも小児の土器棺が盛行するが、この現象は後期に波及した土器棺（埋設土器）増加の延長線上にある。

後期後葉における土偶・石棒の増加も小児墓の増加と直接関係する集落定着性の高さを示すと考える。「大規模葬祭空間」が出現する時期に土偶・石棒の一段の増加が見られるのは、集団の継続を以前よりも重視せざるを得ない状況におかれたことを示唆しているのだろう。これは集団が継続する場である集落を、その場所、その地域で継続させる必要性が増加し、集落を移動することで再起を図ることが難しくなってきたことを反映したものだと考える。すなわち、基本的には人口密度の高さに起因する現象である。近畿地方では後期後葉の遺跡数や住居数は後期中葉に比べると減少傾向にあるが、その場合でも、子孫の繁栄、集団の継続を願う行為が必要とされたはずである。

縄文晩期後半の近畿地方から中四国地方にかけて、土偶の衰退に応じて大型石棒が隆盛する（中村2005）。この大型石棒は土偶や小型石棒とは異なり、基本的には大地に設置して使用される。その点で、大型石棒は集落のその場所での継続、すなわち集団が利用する土地と集団との関係強化を願う意思が反映された呪物であるといえる。この大型石棒は縄文晩期後半に盛行するが、本州西部では後期前葉に出現し、後晩期を通じて継続して存在し続けたことが確認できる（中村 2011）。晩期後半には九州地方で水稲耕作が導入され、近畿地方でも水稲耕作が試行されている可能性が極めて高いと考えるが、晩期後半における大型石棒の盛行は、縄文後晩期を通じて存在した集落定着性の強化を願う意思が晩期後半の水稲耕作導入期にも継続して存在していたことを示す現象として意義づけることができる。

縄文時代における土偶と石棒の意義は、出産・安産、子孫繁栄、豊穣といった点で共通すると考えてよいが、石棒は土偶よりもかなり遅れて出現し、しかも大型石棒が小型石棒に先行する。東日本では縄文中期に大型石棒が出現し、西日本では大型石棒は縄文後晩期において確認できる。東西とも人口が増えた時に出現する点で共通しており、またこの点が土偶とは異なる。大型石棒を大地に立てる時、大地が女性として認識されていた可能性もあるが、そのような問題とは別に、大型石棒は上述したような集団と土地との関係強化、すなわち集落定着性の強化を示す、あるいは強化を願望する意思を反映したものとして解釈可能である。西日本にはそれが後晩期に確認できる。

Ⅳ　水稲耕作導入の理由

近年、急速に進んだ土器表面の種実圧痕の研究から、縄文中期の中部高地や縄文後晩期の西日本でマメ類（ダイズ、アズキ）の栽培が増加したことが判明してきた（小畑 2011・2015）。このマメ類は縄文早期の近畿地方と九州地方にわずかに存在した後、中期の近畿地方で再び確認される。その後、後期前半に中国地方から九州地方（特に九州東部）に出現した後に、後期後半から晩期にかけて九州地方に多くみられるようになる。

縄文後晩期には多いが近畿地方と中四国地方には少なく、調査対象遺跡が九州地方に多いことも関係しているのだろうが、先に述べた文化要素の東から西への波及とよく似た分布の変化を見せる。すなわち、縄文中期末から縄文後期後葉にかけての西日本における人口増加の波の移動と矛盾せずにマメ類の分布が広がっていく。したがって、農耕具と考えられている打製石斧の波及とも矛盾しない。また、打製石斧の出土数の多い遺跡が近畿地方に少ないのに対し、中四国地方の方が多く、九州地方ではさらに多いという打製石斧の分布の偏りは、マメ類の分布と共通する。

したがって、マメ類は打製石斧を用いて栽培されたものであって、打製石斧の東から西への波及はマメ類栽培の波及を示すといっても良いように思える。マメ類出土遺跡が打製石斧出土遺跡に比べて格段に少ないのは、発見の困難さに起因しており、今後、ますますマメ類出土遺跡は増加するはずである。

しかしながら、土器の種子圧痕の研究成果として同様に重要なのは、アワ・キビ・イネが晩期後半の水稲耕作導入期まで日本列島に存在していないことが確認されたことである（中沢 2014、小畑 2016）。つまり、打製石斧による縄文農耕は穀物を対象としたものではない可能性が極めて高い。マメ類が西日本に普及しても、その普及度には地域差が大きく、ドングリ、クリ、トチノキなどの堅果類が依然として主要な植物質食料である場合も多かった。打製石斧の普及度は地域差だけではなく、同一地域における遺跡ごとの差も激しい（矢野 2004）。

縄文時代の植物質食料は、西日本においては堅果類だけをとってみても1種類に限定されるのではなく、2種類以上に頼っている。マメ類も堅果類に対する補助食料としての意味を持つ場合も多く、地域や集落の事情によっては主たる植物質食料として位置付けられたのだろう。堅果類も栽培もしくはそれに近い形で樹木が管理されていたと考えられるので、マメ類の栽培もこれに準ずる形で行われたのだろう。

以上のように考えると、マメ類波及の様相からわかるように、石囲い炉、土器棺墓、土偶と同じ文化要素の伝播と同様、長期間の隣接地域間での人口移動の累積による人口増加の波に乗って、マメ類は打製石斧とともに西日本に波及したと考えられる。ようするに、マメ類の栽培は差し迫った事情によって短期間に波及したのではなく、各地域、各遺跡での取捨選択を経て、約1500年間という長期間を要して西日本にひろがった。その結果、打製石斧のような農耕具とともに植物栽培の技術が植物質食料の選択肢として西日本全体に根付いた。

晩期には広い地域で寒冷化が生じたと言われている。実際、奈良県本郷大田下遺跡では後期はシラカシ、イチイガシを中心とした照葉樹が主体だが、晩期には落葉樹のトチノキが主となる（奈良県立橿原考古学研究所2000）。奈良県観音寺本間遺跡では晩期のクリ林の埋没林が河川付近の低地で検出されている（橿原市教育委員会2012）。近畿地方は縄文後期にはカシ類を中心とする照葉樹の堅果類が植物質食料の中心であるので、晩期は後期よりも寒冷であったと考えられる。

その実質的な影響がどの程度かは明確ではないが、晩期前半には遺跡数・住居跡数が西日本一帯で広く減少する傾向があり（矢野2004）、稲作導入の試行は集落の定着性が高まった縄文後期において、さらにその土地における集落継続を確実にするために必要とされたと考える。稲作を導入する知識や技術を有した朝鮮半島の集団と接触・交流できる北部九州の縄文人が稲作導入に成功することが前提ではあるものの、その当時、稲作導入が必要な差し迫った状況がなければ、稲作の普及は短期間に進まなかったはずである。マメ類とは逆に、稲作が日本列島に急速に広がった理由もそのような差し迫った事情を考慮する必要がある。

本論で論じたかった西日本における縄文後晩期の「弥生化」とは結局のところ、集団がその土地で継続しようとする意志の強化に関係する諸現象である。西日本では中期末から後期後葉にかけての約1500年間をかけて、東から西へと人口増加の波が押し寄せた。その結果、各地の人口密度が上昇した。人口増加の波の移動が長期間に及んだのは、人口増加が隣接地域間の短距離の移動および隣接地域間の婚姻関係を基本とする転入・転出の人口差によってもたらされたからだと考えられる。

この人口増加の波に乗って、精粗二重構造という土器の器種構造が西日本全域に波及し、縄文土器の特徴である土器の非実用性が弱まり、縄文土器は弥生土器に近づいていった。また、石囲い炉、土器棺（埋設土器）、土偶、打製石斧といった文化要素も人口増加の波によって伝播し、西日本一帯で隣接地域間を結ぶ広域的ネットワークが形成された。マメ類の栽培も打製石斧とともに東から西へと伝播し、植物栽培の技術も普及した。

この広域的ネットワークの形成は各地の人口密度の増加を前提としている。集落が低地に進出したことによって、住居数や遺跡数の増加から想定できる以上に、各地の人口密度は増加した。1集落が数棟以下からなる小規模集落である点は変わらないので、人口密度の増加に応じて集落の密度も増加した。その結果、集団がその土地、その地域で集落を継続させる必要が高まった。人口密度の低い縄文中期までは集落経営に失敗すれば移動して再起できたが、集落が増加した後晩期には、集落をその土地、その地域で継続させる集落定着性を強化せざるを得なくなったのである。そのために、土偶・石棒を用いた子孫繁栄、豊穣を願う祭祀が盛行し、墓や祭祀遺構が累積する大規模な遺跡が増加した。大型石棒の存在は大地と集団との関係強化を願う意思を反映している。集落の人員を維持する必要から小児の価値が高まり、小児の墓も増加した。

以上のように、縄文後晩期は土器の実用性の高まり、広域的な土器の共通性という点で縄文中期までとは異なり、弥生前期の土器の特徴やその分布の広さと類似し、弥生前期の前段階として位置付けられる。人口密度の増加による集落定着性の強化および強化を願う意思の高まりは集団が土地を所有して水田を開発することを可能にする水稲耕作導入の前提としての現象として意義づけることができる。縄文時代の西日本には堅果類の利用とマメ類の栽培を併用したり、堅果類の種類を複数確保するなど、植物質食料には主たる種類と補助的な種類を有していた。水稲耕作導入に関しては、その普及の速度が速く、寒冷化による食料生産の不振など、差し迫った事情が推測されるが、最初は補助的な食料生産技術として試行的に導入され、やがて主たる食料にとってかわったと推測できる。

なお、最初期の環濠集落は兵庫県大開遺跡のように数棟からなる小規模なもので、縄文集落と規模は同じである（神戸市教育委員会1993）。縄文集落も弥生集落も貯蔵施設や墓を集落内外に隣接させる点も共通する。縄文後晩期の「弥生化」の進行は縄文時代の集団によって進められたが、その「弥生化」の到達点としての最初期の水田経営も縄文時代と社会組織の質を変えることなく進めることが可能だったはずである。水稲耕作の進行の結果、集落が統合され、大規模化し、社会が変質していくのである。そのような過程も弥生化の一環ではあるが、同時に古墳時代への過程でもある。そのように考えると、筆者が縄文後晩期の諸現象を「弥生化」と名づけたことも不自然ではないと思う。

参考文献

上山春平編　1969『照葉樹林文化』中公新書
上山春平・佐々木高明・中尾佐助　1976『続・照葉樹林文化』中公新書。
大野　薫　2005「西日本における縄文土偶の変遷」『第1回西日本縄文文化研究会　西日本縄文文化の特徴』pp.89-98、関西縄文文化研究会・中四国縄文研究会・九州縄文研究会。
大野　薫　2008「近畿地方における縄文文化の終焉をめぐる諸問題」『月刊文化財』542：36-41。
岡田憲一　2005「大規模葬祭空間の形成」『関西縄文時代における石器・集落の諸様相　関西縄文論集2』pp.69-84、六一書房。
小畑弘己　2011『東アジア古民族植物学と縄文農耕』。
小畑弘己　2015『タネをまく縄文人『最新科学が覆す農耕の起源』歴史文化ライブラリー』　吉川弘文館。
橿原市教育委員会　2012『観音寺本間遺跡』橿原市埋蔵文化財調査報告第1冊。
小池史哲　2008「北部九州の縄文時代住居跡について」『第18回九州縄文研究会　九州の縄文住居Ⅱ』pp.3-19、九州縄文研究会。
幸泉満男　2008「西日本における打製石鍬の出現」『地域・文化の考古学―下條信行先生退任記念論文集―』pp.23-46、下條信行先生退任記念事業会。
神戸市教育委員会1993『大開遺跡発掘調査報告書』神戸市教育委員会。
佐々木高明　1991『日本の歴史①　日本史誕生』集英社。
瀬口眞司　2009『縄文集落の考古学』昭和堂。
谷口康浩　2017『縄文時代の社会複雑化と儀礼祭祀』同成社。
第18回九州縄文研究会熊本事務局　2008「九州各県における縄文住居規模の変遷」『第18回

九州縄文研究会　九州の縄文住居Ⅱ』pp.405-408、九州縄文研究会。
高松龍暉・矢野健一　1997「縄文集落の定住性と定着性—兵庫県養父郡八木川上・中流域における事例研究」『考古学研究』44-3：82-101。
田中良之　1980「考察—新延貝塚の所属年代と地域相」『新延貝塚』鞍手町埋蔵文化財調査会。
千葉　豊　2013「中国・四国」『講座日本の考古学 3　縄文時代上』pp.475-507、青木書店。
中尾佐助　1966『栽培植物と農耕の起源』岩波新書。
中沢道彦　2014「栽培植物利用の多様性と展開」『季刊考古学別冊 21　縄文の資源利用と社会』雄山閣。
中村　豊　2005「列島西部における石棒の終末—縄文晩期後半における東西交流の一断面—」『縄文時代』16：95-110。
中村　豊　2011「四国地域における縄文時代の精神文化」『第 22 回中四国縄文研究会岡山大会　中四国地方縄文時代の精神文化』pp.35-46、中四国縄文研究会。
奈良県立橿原考古学研究所　2000『本郷大田下遺跡』奈良県立橿原考古学研究所調査報告 83。
幡中光輔　2010「大型石棒から小型石棒へ」『縄文時代の精神文化』pp.23-34、第 11 回研究集会発表要旨集資料集　関西縄文文化研究会。
幡中光輔　2017「中四国地方における石囲炉の受容と展開—石囲炉の伝播から地域間交流を考える」『縄文時代』28：27-53。
林　潤也　2008「福岡県の縄文住居」『第 18 回九州縄文研究会　九州の縄文住居Ⅱ』pp.31-85、九州縄文研究会。
平田朋子　2003「縄文遺跡の動向—遺跡立地からみた兵庫県の縄文遺跡」『関西縄文時代の集落・墓地と生業　関西縄文論集 1』pp.89-105、六一書房。
深田　浩　2011「山陰地域の精神文化＜遺物＞～土偶・石棒・石製玉類を中心に～」『第 22 回中四国縄文研究会岡山大会　中四国地方縄文時代の精神文化』pp.47-58、中四国縄文研究会。
藤森栄一　1970『縄文農耕』学生社。
前川威洋　1972「考察—土器からみた瀬戸内との関係について」『山鹿貝塚』pp.92-101、山鹿貝塚調査団。
水ノ江和同　2011「九州における縄文時代の精神文化—年代と遺跡の関係を再確認する—」『第 22 回中四国縄文研究会岡山大会　中四国地方縄文時代の精神文化』pp.11-18、中四国縄文研究会。
師富国博　2008「熊本県の縄文住居」『九州の縄文住居Ⅱ』九州縄文研究会。
矢野健一　1994「縄文後期における土器の器種構成の変化」『江口貝塚Ⅱ- 縄文後晩期編』、愛媛大学法文学部考古学研究報告第 3 集、pp.155-168。
矢野健一　2002「縄文社会における定住と定着」『第 10 回京都府埋蔵文化財研究集会発表資料集—住まいと移動の歴史』pp.91-104、京都府埋蔵文化財研究会。
矢野健一　2004「西日本における縄文時代住居址数の増減」『考古学研究会 50 周年記念論文集　文化の多様性と比較考古学』pp.159-168、考古学研究会。
矢野健一　2005「土器型式圏の広域化」『第 1 回西日本縄文文化研究会　西日本縄文文化の特徴』pp.1-8、関西縄文文化研究会・中四国縄文研究会・九州縄文研究会。
矢野健一　2009「向出遺跡の空間分析」『今、よみがえる向出遺跡』pp.23-27。
矢野健一　2016『土器編年から見た西日本の縄文社会』。
矢野健一　2017a「縄文時代における人口研究の重要性」『環太平洋文明研究』創刊号：11-22。
矢野健一　2017b「縄文からみた弥生のはじまり」『第 24 回京都府埋蔵文化財研究会発表資料集要旨集　弥生文化出現期前後の集落について』pp.1-6、京都府埋蔵文化財研究会。
山崎純男　2005「西日本縄文農耕論—種子圧痕と縄文農耕の概要—」『第 1 回西日本縄文文化研究会　西日本縄文文化の特徴』pp.59-68、関西縄文文化研究会・中四国縄文研究会・九州縄文研究会。
山内清男　1939『日本遠古の文化』山内清男・日本史考古学論文集・第 1 冊（1967 年新刷）。
山田康弘　2008「土器棺（西日本）」『総覧縄文土器』pp.1104-1109、アム・プロモーション。
山本悦世　2005「中・四国における縄文後・晩期の農耕—岡山県における石器の様相から—」『第 1 回西日本縄文文化研究会　西日本縄文文化の特徴』pp.47-57、関西縄文文化研究会・中四国縄文研究会・九州縄文研究会。
渡辺誠 1975「綜括」『京都府舞鶴市桑飼下遺跡発掘調査報告書』pp.309-320、舞鶴市教育委員会。

The Process to Yayoi during the Jomon period in Western Japan

YANO Kenichi[1]

Abstruct： In the later Jomon period, the densities of population and those of settlements increased in western Japan with the wave of population growth transmitted from the east to the west for 1500 years. The Jomon pottery became more practical, like Yayoi pottery. The increase of settlement density made the settlements more sedentary. The wave of population growth transmitted various kinds of new cultural elements like cultivation of beans, clay figurines, stone bars, and burial jars for infants. Those elements were necessary for the Jomon communities of western Japan those needed more sedentary life, and prepared the base for the introduction of wet-rice cultivation.

Keywords：Jomon, Yayoi, Jomon cultivation, burial jar, stone bar

1：Ritsumeikan University

渡辺公三先生　追悼

▌追悼：渡辺公三先生

安田喜憲

2017年12月16日に「渡辺公三先生が亡くなった」と聞かされました。「うそだろう」と思いました。11月の立命館大学衣笠校舎でのR-GIRO研究会の後、お別れする直前もお元気で、「これから中国へ行かねばならない」とおっしゃっていたからです。渡辺公三先生がなくなったことをブラジルに知らせたときも、「何か事件があったのですか」と言われました。レヴィ＝ストロース研究の第1人者として、サンパウロでのレヴィ＝ストロースの足跡を訪ねる旅に、私も同行させていただいたのです。

渡辺公三先生は年縞（ねんこう）の理解者でした。年縞は福井県水月湖から私が1973年に発見しました。年縞を1本1本解析することによって、過去の気候や植生さらには人間活動まで復元が年単位で、細かく分析すれば季節単位でできるのです。しかも年縞は日本の湖底に特によく残っていました。その理由はまださだかではありませんが、流域の物質循環に大きな変動がなくいまに至っていることが注目されます。たしかにイースター島でも12世紀までは年縞がありましたが、その後の激しい森林破壊によって、年縞がなくなっていました。中国でも約4000年前までは多くの湖底で形成されていたのに、それが激しい森林破壊の後は赤土に代わり、年縞が消えていたのです。年縞は、物質循環を大きく変えることなく、自然にたいしてやさしいライフスタイルを取り続けた日本人の祖先からの贈り物だったのです。

自然を一方的に収奪する欧米文明の支配下にある科学を、日本流に自立させることが重要となってきた今、年縞の発見は新しい文明の時代を招来させる起爆剤の一つになるでしょう。

欧米文明は自分たちの文明が浸透した証として、時間軸を設定することを基準としてきました。事実、江戸時代までは現在の時間とは全く別の時間を日本人は生きてきました。1872（明治5）年12月3日に太陰暦のもとにくらしていた日本人は、欧米で打ち立てられた太陽暦のもとで、突然、暮らしはじめたのです。1872（明治5）年12月3日は、1873（明治6）年1月1日になったのです。

これほど時間を大切にする欧米文明が、アジア人の発見した年縞による時間をそう簡単に認めるわけがありません。やっと年縞による時間軸が国際的に認証されたのは2012年のことでした。私の弟子たち（とかってに私が呼んでいる）がサイエンス誌（Science, vol.338, pp.370-374）に論文を書き、日本の水月湖の年縞の分析結果が世界の過去52800年間の標準時間軸となったのです。それでも欧米文明が認めたのは過去と現在のうちの半分だけでした。現在の時間の標準はやはりイギリスのグリニッジ天文台にあります。

「環太平洋文明研究」は、大西洋が変わるから世界が変わるという欧米人の地球観に対して、太平洋が変わるから世界の気候や植生そして人々の暮らしが変わるのだという地球観を提示することを目的としています。渡辺公三先生が年縞に関心をもってくださったのは、私たちの学んできた科学が、あまりにも欧米中心に偏重していたからではないでしょうか。欧米文明を学びそれを自家薬籠中のものとしてきたことはまちがいではなかったと思います。つぎはもうすこし自国の文明や文化に自信を持ち、欧米文明に代わる新しい文明の時代を創造していくことが必要ではないでしょうか。

追悼：渡辺公三先生

高橋　学

2017年12月18日、環太平洋文明研究センターの運営会議が始まる1時間ほど前、安田喜憲先生から電話が入った。安田先生の研究室に来てほしいと。研究室に行くと、そこでまったく予想もしていなかった話を聞くことになったのである。「渡辺先生がお亡くなりになった」と。耳を疑ったが、どうも本当らしい。

1ヶ月前の運営委員会の時に、渡辺先生の声の様子が変であったが、風邪でも引かれたのだと、たいして気にもしなかった。運営委員会の後で開かれた研究会にも副総長という激務の中、いつものように出席していらしたしたではないか。中国への出張もひかえているとおっしゃっていたではないか。

少し気になっていたのは、『異貌の同時代—人類・学・の外へ』という立派な本をいただいたことである。渡辺先生のゼミで博士学位を取得した人たちが、先生の定年を記念した本を企画し、それが出来上がっていたことである。渡辺先生やお弟子さんたちは、先生の運命を先読みされていたのであろうか。

先生は、人類学の研究者として、教育者として、立命館大学副総長として、ひたすらに激務の中を駆けぬいてこられた生涯であった。今は、どうかゆっくりとお休みくださいと言いたい。

合掌

追悼：渡辺公三先生

矢野健一

環太平洋文明研究センター設立以来、渡辺先生は副総長としての激務の中、センターの定例研究会には欠かさず出席していただき、発表に対して様々なコメントを寄せていただきました。発表に対して、具体的で細かな点についての指摘をされることも多かったと思います。尾関清子先生の資料受け入れを即断されるなど、センター運営に関しても判断に迷われることがなく、たいへん心強く感じておりました。

センターの構成員が主体となって応募する科研費の研究計画は、渡辺先生が代表者として執筆されていましたが、2017年度に応募した「南北アメリカ先住民人口研究を軸とした『環太平洋文明学』の深化」も、その基本的枠組みも含めて渡辺先生の創案でした。ヨーロッパ人の新大陸移住に伴う先住民の人口減少といった現象を含めて、人口変化をキーワードにして文明史を批判的に問い直すという発想は、構造主義人類学の原点に立ち返ることを意味していました。私としてみれば、この非公表の研究計画書が渡辺先生の実質的な「最後の論文」のようにも思えます。

10月13日のセンターの運営委員会で渡辺先生がこの研究計画の話をされた時に「『レヴェナント』とか『ダンス・ウィズ・ウルブス』とかで描かれていた話ですね」と申し上げると、渡辺先生は「私も見ました」とおっしゃっておられました。最終刊行論文は「エコロジカル・インディアンは『野生の思考』の夢を見るか」(『異貌の同時代』所収)という表題でしたが、当然、「ブレードランナー2049」もご覧になったのだろうと思います。その感想をお尋ねすることもかないませんでした。たいへん残念です。

渡辺公三先生を偲んで

河角直美

私が環太平洋文明研究センターのメンバーとなったのは2017年5月です。2016年に文学部に着任し、高橋学先生に声をかけていただきました。実は、文明研究センターにおけるプロジェクトに対し、私自身がどこまで貢献できるだろうかと大きな不安がありました。しかし、研究センターの先生方、そして渡辺先生の下で研究に取り組むことができることは、大変よい機会をいいただいたと考えました。

私は、1996年に立命館大学文学部に入学しました。2回生当時、専門科目のほか日本史や民俗学など、隣接分野にとても興味がありいくつかの講義を受講しておりましたが、そういった関心をもった科目の一つが渡辺先生ご担当の「文化人類学」でした。授業のすべての記憶が無いのは私の能力の問題ではありますが、それでも渡辺先生が宮崎駿監督のアニメ「となりのトトロ」を取り上げ、そこで描かれている家族や物語のモチーフなどを分析され、教示してくださったことはとても印象深く、私の記憶に残っています。私は授業を受けただけであり、渡辺先生に直接質問をすることも指導を受けることもありませんでしたが、その時の内容は私の心に深く根付きました。そして、今でも私の中で自然と人間との関係を考える際の一助のようになっていると思います。

しかし、10月の次年度の科研申請に関わるミーティングで、先生の研究視点を興味深く拝聴しつつも、意見を求められた際にはうまく返答することができませんでした。未熟さを後悔し、先生の問いに明確に返答できるようにと研究動向や視角を問い直すなか、訃報に接することとなりました。

約20年間、先生に何か質問をしたいと思いながら、ようやくその機会をいただいたことで、私自身がその質問をきちんと探求してこなかったこと、質問をできる状態にないことに気付かされました。短い期間ではありましたが、渡辺先生と直接お話しさせていただいたことを励みに、そして、ご教示いただいたことに対して、私自身が研究を進めるなかで応えることができるように努めて参りたいと思います。

渡辺公三先生のご逝去を悼んで

冨田敬大

渡辺公三先生のご逝去から１ヶ月以上経つが、私はいまだに信じられない気持ちでいる。2006年４月に立命館大学大学院先端総合学術研究科へ入学して以来、渡辺先生には、研究や教育に関する事柄だけでなく、ひとりの人間として生きていくうえで大切なことをたくさん教えていただいた。誤解のないように申し添えると、渡辺先生は決して口数が多い方ではない。下手な質問をすれば、こちらの熟考を促すように、沈黙によって答えられることも少なくない。いっぽう、どんなに若く稚拙な考えであっても、頭ごなしに否定せず、真剣に向き合って下さる、厳しくも優しい先生であった。私にとってもっとも印象的であったのは、「目の前に二つの選択肢があったとき、ぼくはなるべく困難な方を選択するようにしている。これまでの経験から、そうしてよかったと思う。」という言葉であった。ともすれば安易な選択肢を選びがちな自分とはちがって、自らをあえて困難な場に置くことで、あるいはそれすらもどこか楽しみながら、信念を持って物事に取り組む姿勢に、研究者そして教育者としての渡辺先生の本質を垣間見た思いがした。しかしいっぽうで、自らをつらく苦しい場に追い込んでいったことが、結果的に先生のご体調を損なうことになったのであれば、残念でならない。折に触れて、これからの研究の構想について語っておられた先生であるから、あまりに突然のこの世との別れを、誰よりも先生ご自身が悔やんでおられるはずだ。正直まだ心の整理はつかないが、先生の残された多くの重要な仕事を、どのように継承し、次代へつなげていくかが、先生からわれわれに課された最後の宿題と思っている。渡辺先生から受けたご恩に深く感謝するとともに、先生のご冥福を心よりお祈り申し上げます。

追悼の言葉―渡辺公三先生へ―

中村　大

2018年12月18日、大学で渡辺公三先生の訃報に接し、愕然とするあまりしばらく言葉が出ませんでした。つい１ヶ月前には科学研究費の申請書類作成のお手伝いをさせていただき、南北アメリカ大陸を基軸とし環太平洋地域を視野に入れた人類史研究の壮大なスケールに圧倒されると同時に、その驥尾に付す機会を頂戴できることにワクワクしていました。「今回はうまくまとまった感じがするね」とおっしゃられたときの先生の笑顔をつい昨日のことのように思い出します。

先生からはじめてお言葉をかけていただいたのは、2012年にMIHO MUSEUMで開催した「土偶・コスモス展」のときと記憶しております。暖かくも的確なご講評を賜り、環太平洋文明研究センターでの研究をスタートしたあとも、研究会など折にふれてご助言をしていただき感謝にたえません。

今後は先生が構想された研究に微力ながらも全力で取り組み、これまでにいただいた学恩に報いるべく努力を重ねる所存です。先生のご冥福を衷心よりお祈り申し上げます。

渡辺先生を悼む

神松幸弘

赴任早々、実験用のコオロギの飼育場所を確保したくて事務局に相談した。そのことで、渡辺先生とお会いしたとき「前代未聞の…」とお言葉をいただいた。しかし、先生は何かしら嬉しそうにされていた。

またある日、私は会議の場で、センター長にお叱りを受けた。自分の興味の趣くままに研究を始める私を危惧しての温かいご助言であったが、明くる日、廊下ですれ違いざま、渡辺先生は「まさか、あれしきで挫けてはいませんよね。」といたずらっぽく笑われた。そういうやさしいお言葉をたくさんの方々へかけてこられたのだろうと思う。

先生は両生類が好きとおっしゃっていたので、自分が研究でお世話になった京都水族館へお連れし、サンショウウオをご覧いただく約束をしたのだが、ついに果たせなかったことは残念でしかたない。

先生、これまで数々のお導きをいただき、ありがとうございました。これからもどうか、遠くでお見守りください。

追悼：渡辺公三先生

尾関清子

渡辺公三先生と私の出会いは、2014年3月東京都小金井市立はけの森美術館で開催されました「タマのカーニヴァル・はけの森展」でした。先生のご講演は我が国からは遥かな国、アフリカの殆ど知られていない伝統技術についての研究成果でした。

実は17、8年前東北大学名誉教授芹沢長介先生から私はアフリカ、ディダ族の「ラフィア製スカート」を見せて頂きました。その時点ではラフィアの繊維は特殊なものと、ただただ珍し気に拝見しましたが、渡辺先生のご講演で、アフリカではラフィアが主要な衣装の素材であることをはじめて知りました。

またご講演の後、先生から拙著『縄文の衣』にサインを求められ、稚拙な私の研究に関心を持たれていることを知り、驚きと同時に大変嬉しく思いました。その後私は立命館大学にご縁ができ、客員研究員として頂きましたのも、渡辺先生のお引立てと心中より感謝申し上げております。

これからもご指導いただけると思っておりました矢先に突然の訃報に接し、驚きと哀しみに胸が押し潰される心地でございます。

ここに謹んで先生のご冥福をおいのりいたします。

追悼文　渡辺公三先生を偲んで

小川さやか

渡辺公三先生は、クロード・レヴィ＝ストロースやルイ・デュモンをはじめとする翻訳書・研究書、名著と名高い『司法的同一性の誕生―市民社会における固体識別と登録』（言叢社、2003年）、文化人類学およびアフリカ研究の多数の論文・著書をお持ちの研究者である。文化人類学・アフリカ研究を専門とする私にとっては院生時代から読み親しんだ本の著者・訳者であり、偉大なる先陣であった。2013年4月に立命館大学先端総合学術研究科に着任してからは、渡辺先生は私にとって暖かい同僚・上司となり、手本となる教育者となった。

院生たちの論文発表に対する渡辺先生のコメントは、エスプリが効いている。たとえば、渡辺先生は「あなたは思い切って視野を広げる必要がある」と指摘するかわりに、次のような話をはじめる。『こんな話を思い出しました。真っ暗闇のなか電灯に照らされた白い円をぐるぐると回っている人物がいるのです。「いったい何をしているのですか」と尋ねると、その人は「探し物をしているのですが、見つからないのです」と答えます。そこで「あなたの探し物は電灯に照らされてない範囲にあるのでしょう」というと、その人は「しかし真っ暗闇のなかをどうやって探したらよいのでしょう」と尋ね返してくるのです』と。

渡辺先生の院生たちへの重厚なコメントにはいつもスリリングな知的探求へといざなう仕掛けが隠されており、院生が気づかないうちに自らの殻を打ち破る手助けとなっていた。渡辺先生と一緒に院生指導ができたことは、私にとってかけがえのない経験となった。

渡辺先生はよく、冗談とも本当ともつかない顔をして「退官したら先端研に入学して、遣り残した研究をしようと考えているのですよ」などとおっしゃっていた。それに同僚の教員たちが「あら、入試に受かると思っているんですか。誰も渡辺先生を指導なんてできないですよ」と冗談めかして切り返すのが定番のやりとりになっていた。渡辺先生が退官後にどのような研究を構想されていたのかはわからない。私たちが先生の知的遺産を引きつぎ、天国の渡辺先生を思わず「にやり」とさせる成果を出すことができたらと願う。

心からの感謝の意を表するとともに、ご冥福をお祈りいたします。

渡辺公三先生略年譜・主要業績

略年譜

1949年5月15日	東京にて出生
1962年3月	渋谷区立上原小学校卒業
1965年3月	東京教育大学附属駒場中学校　卒業
1968年3月	東京教育大学附属駒場高等学校　卒業
1971年9月	サンケイ・スカラシップを得てパリ第三大学留学（～72年9月）
1974年3月	東京大学教養学部教養学科　卒業
1976年3月	東京大学大学院社会学研究科文化人類学専攻修士課程　修了
1976年9月	パリ第七大学民族学―人類学第三サイクル留学（～79年9月）
1980年9月	人間博物館リトルワールド開設準備室嘱託（～81年3月）
1981年3月	東京大学大学院社会学研究科文化人類学専攻博士課程　単位取得退学
1981年4月	国立音楽大学専任講師（～86年3月）
1986年4月	国立音楽大学助教授（～94年3月）
1994年4月	立命館大学文学部教授（～03年3月）、文学部インスティテュート開設準備委員
1996年4月	立命館大学文学部インスティテュート開設、初代学科長（～99年3月）
1999年4月	立命館大学文学部副学部長（～00年3月）
2000年6月	立命館大学大学院部副部長（～03年3月）
2000年11月	新構想大学院設置委員会事務局長（～03年3月）
2001年7月	国立民族学博物館外部評価委員（～02年3月）
2002年7月	国立民族学博物館運営協議委員（～04年4月）
2003年4月	立命館大学大学院先端総合学術研究科開設、同教授、初代研究科長（～06年3月）
2003年9月	2月に刊行した『司法的同一性の誕生―市民社会における個体識別と登録』（言叢社）で博士号取得、博士（文学・立命館大学）
2006年2月	国立大学法人評価委員（～07年8月）
2007年4月	立命館大学衣笠総合研究機構長（～12月3月）
2008年4月	立命館大学研究部長（～12年3月）、立命館国際機構副機構長（～09年3月）
2010年4月	立命館グローバル・イノベーション研究機構副機構長（～12年3月）、国立大学法人滋賀大学監事（～12年3月）

2011年6月	国立民族学博物館運営協議委員（〜12年3月）
2012年4月	立命館大学副学長・立命館副総長
2015年6月	関西経済連合会グローバル人材活用運営協議会副会長（〜17年6月）
2016年4月	人間文化研究機構国際日本文化研究センター運営会議委員 立命館西園寺塾塾長 （〜18年3月）
2017年6月	大阪大学COデザインセンター外部委員（〜18年3月）
2017年12月16日	京都にて逝去（享年68歳）

主要業績

著書

『レヴィ＝ストロース―構造』（現代思想の冒険者たち20）講談社、1996年（2003年に現代思想の冒険者たちSelectとして再刊）

『司法的同一性の誕生―市民社会における個体識別と登録』言叢社、2003年

『アフリカのからだ（身体・歴史・人類学Ⅰ）』言叢社、2009年

『西欧の目（身体・歴史・人類学Ⅱ）』言叢社、2009年

『闘うレヴィ＝ストロース』平凡社新書、2009年

著書（編著・共著）

『多文化主義・多言語主義の現在―カナダ・オーストラリア・そして日本』西川長夫・ガバン・マコーマックとの共編著、1997年

『アジアの多文化社会と国民国家』西川長夫・山口幸二との共編著、人文書院、1998年

『世紀転換期の国際秩序と国民文化の形成』西川長夫との共編著、柏書房、1999年

『アフリカン デザイン―クバ王国のアップリケと草ビロード』福田明男との共著、里文出版、2000年

『文化人類学文献事典』谷泰・小松和彦・田中雅一・原毅彦との共編著、弘文堂、2004年

『レヴィ＝ストロース「神話論理の森」へ』木村秀雄との共編著、みすず書房、2006年

『日本における翻訳学の行方＝Translation studies in the Japanese context』佐藤＝ロスベアグ・ナナとの共編著、立命館大学グローバルCOEプログラム「生存学」創成拠点、生活書院、2010年

『知のアトリエを求めて―立命館土曜講座3000回記念』編集代表、立命館衣笠総合研究機構、生活書院、2011年

『マルセル・モースの世界』モース研究会著・共編著、平凡社新書、2011年

『異貌の同時代―人類・学・の外へ』石田智恵・冨田敬大との共編著、以文社、2017年

翻訳

ルイ・デュモン『社会人類学の二つの理論』（人類学ゼミナール1）弘文堂、1977年

ジョルジュ・バランディエ『舞台の上の権力―政治のドラマトゥルギー』平凡社、1982年（2000年にちくま学芸文庫として再刊）

ピエール・クラストル『国家に抗する社会―政治人類学研究』書肆風の薔薇・水声社、1987年

クロード・レヴィ＝ストロース『現代世界と人類学』川田順造との共訳、サイマル出版会、1988年（2005年に『レヴィ＝ストロース講義―現代世界と人類学』平凡社ライブラリーとして再刊）

クロード・レヴィ＝ストロース『やきもち焼きの土器つくり』みすず書房、1990年

ルイ・デュモン『個人主義論考―近代イデオロギーについての人類学的展望』浅野房一との共訳、言叢社、1993年

ルイ・デュモン『ホモ・ヒエラルキクス―カースト体系とその意味』田中雅一との共訳、みすず書房、2001年

クロード・レヴィ＝ストロース『神話論理Ⅲ食卓作法の起源』榎本譲・小林真紀子・福田素子との共訳、みすず書房、2007年

クロード・レヴィ＝ストロース『神話論理Ⅳ-2裸の人2』吉田禎吾・福田素子・鈴木裕之・真島一郎との共訳および解説、みすず書房、2010年

クロード・レヴィ＝ストロース『大山猫の物語』監訳、福田素子・泉克典との共訳、みすず書房、2016年

環太平洋文明研究センター

本研究センターは、環境と文明のあり方を根本から問い直し、新たな文明の価値観を探求・創造し、持続可能な社会であるための方策を発見し、それを完遂しうる技術革新と政策、ライフスタイルを打ち立て、新たな文明のビジョンを提示することを目指しています。

環太平洋文明研究センターのホームページ（http://www.ritsumei.ac.jp/research/rcppc/）では、研究プロジェクト、定例研究会、シンポジウム、刊行物、ニューズレターの情報を随時更新しております。ぜひご覧ください。

センターロゴマーク

外縁は太平洋を取囲む火山と荒波を表し、厳しくも 豊かな自然に富む環太平洋地域に多様な文明が花開きこれからも咲き続けることを象徴する図形を配しました。正面の大文字はセンターの略称です。神松幸弘（センター専門研究員）作成。

表紙写真

ペルーのアンコン博物館でアンコン遺跡出土の土器（チャンカイ文化）を調査・実測している市木尚利（環太平洋文明研究センター客員協力研究員）と立命館大学学生（2015 年 8 月矢野健一撮影）

2018 年 3 月 24 日

かんたいへいようぶんめいけんきゅう
環太平洋文明研究　第 2 号

Ritsumeikan Pan-Pacific Civilization Studies Vol.2

編　集　立命館大学環太平洋文明研究センター
（Ritsumeikan Research Center for Pan-Pacific Civilizations）
担　当　矢野健一
発行者　宮田哲男
発行所　株式会社　雄山閣
〒 102-0071　東京都千代田区富士見 2-6-9
TEL 03-3262-3231　FAX 03-3262-6938
振替 00130-5-1685
http://www.yuzanakaku.co.jp
印刷・製本　株式会社ティーケー出版印刷

N.D.C.200　112p　26cm　ISBN978-4-639-02561-0 C0320　　Printed in Japan